PILON

OBJECTIF

STAPS

Collection dirigée par Youcef Alanbagi

Biomécanique

Romuald Lepers
Professeur des universités en STAPS
Université de Bourgogne

Alain Martin
Professeur des universités en STAPS
Université de Bourgogne

ellipses

Dans la même collection

- *Psychologie sociale*, Nicolas Besombes, Alexandre Oboeuf (coord.).
- *Biomécanique*, Romuald Lepers, Alain Martin.
- *L'enseignement de l'Education physique et sportive à l'École*, Zine Boukriche, Laurence Vilain, Youcef Alanbagi (coord.).
- *Méthodologie de l'entraînement sportif*, Marc Testa, Youcef Alanbagi (coord.)
- *Neurosciences comportementales*, Frédéric Danion, Ludovic Marin (coord.).
- *Physiologie de l'exercice physique, entraînement et santé*, Christine Le Page.

Une première version de cet ouvrage a été publiée en 2007 dans la collection « L'essentiel en sciences du sport », dirigée par Guillaume Millet et Patrick Laure.

ISBN 9782340-012257

32, rue Bargue 75740 Paris cedex 15

www.editions-ellipses.fr

TABLE DES MATIÈRES

CHAPITRE 1

STATIQUE, POSTURES D'ÉQUILIBRE, FORCES ET MOMENTS AUX ARTICULATIONS

L'objet de toutes études biomécaniques est d'analyser au travers d'un double système de forces (forces internes et externes) les postures et les mouvements du corps. Ce chapitre présente les éléments essentiels à l'analyse des forces externes présentes lors d'une posture d'équilibre.

1 Classifications des forces

Lorsque l'on étudie une posture d'équilibre, ou un mouvement, il convient de définir précisément le système étudié ainsi que les forces en présence. Quel que soit le système, les forces sont classées en forces externes ou internes. Ces dernières peuvent être décomposées afin que leurs actions soient spécifiquement déterminées.

Forces externes et forces internes

Les forces externes correspondent aux forces qui sont exercées par le milieu extérieur sur le système étudié. Les forces internes correspondent, quant à elles, aux forces exercées par une partie du système sur une autre partie du système. Cette distinction entre forces internes et forces externes dépend du système étudié. Par exemple, considérons deux individus en extension dorsale se maintenant par les mains (fig. 1-1).

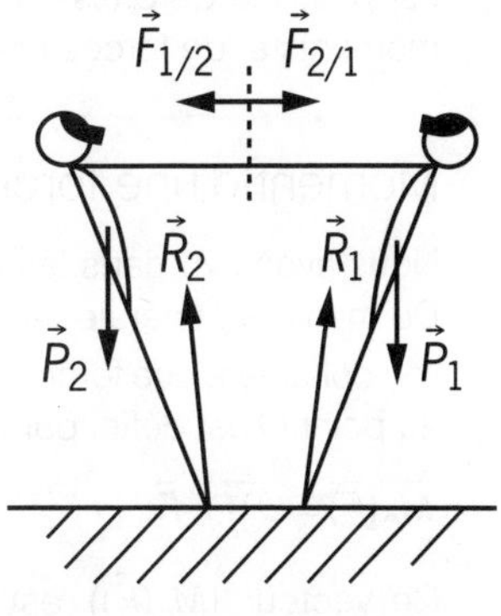

Figure 1-1. Décomposition d'un système de force en deux systèmes de force

Dans un premier temps, le système étudié comprend les deux sujets. Les forces externes sont les poids des deux sujets et les réactions au niveau du sol. Les forces internes comprennent les forces musculaires, ligamentaires et inter-articulaires, ainsi que les forces de liaison $\vec{F}$ qui s'appliquent au niveau des mains et qui correspondent à l'action de l'un des deux sujets sur l'autre sujet. Si l'on considère maintenant uniquement le sujet 1 comme système étudié, nous avons comme forces externes le poids du sujet, la réaction du sol au niveau des pieds ainsi que la force $\vec{F}_{2/1}$ qui correspond à l'action au niveau des mains du sujet 2 sur le sujet 1 (fig. 1-2).

Il apparaît donc, pour déterminer l'action des forces externes agissant sur un système, de clairement identifier le système étudié ainsi que les forces externes qui agissent sur ce système.

Pour déterminer complètement les forces externes (intensité, sens, direction) agissant sur un système, on applique les relations fondamentales de la dynamique, à savoir :

$$\sum \vec{F}_{ext} = m\vec{a} \quad (1) \qquad \sum \vec{M}_O(\vec{F}_{ext}) = I\ddot{\vec{\theta}} \quad (2)$$

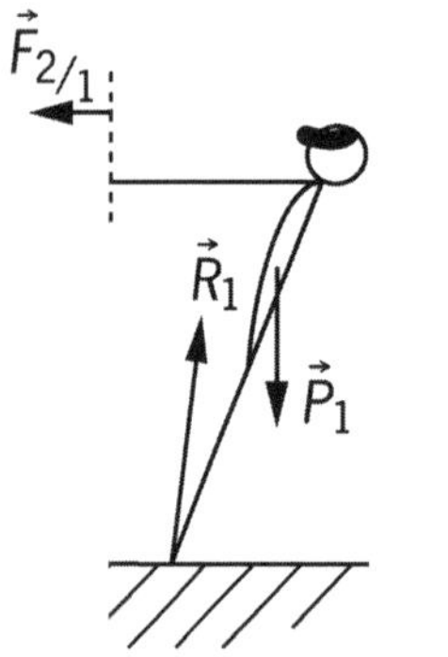

Figure 1-2. Forces externes agissant sur le sujet 1

L'équation (1) indique que la somme des forces externes agissant sur le système est égale au produit de la masse (*m*) par l'accélération linéaire ($\vec{a}$) du système. Pour l'équation (2), nous avons la somme des moments des forces externes qui est égale au produit de l'inertie (I) par l'accélération angulaire ($\ddot{\theta}$) du système. Dans des conditions statiques (sans mouvement) ou de posture d'équilibre, les accélérations linéaires et angulaires du système sont nulles. On obtient alors les principes de non-translation (équation 3) et de non-rotation (équation 4).

$$\sum \vec{F}_{ext} = \vec{0} \quad (3) \qquad \sum \vec{M}_O(\vec{F}_{ext}) = \vec{0} \quad (4)$$

Les équations (3) et (4) sont utilisées pour déterminer complètement les forces externes agissant sur un système dans des conditions statiques.

Chez l'homme, la détermination des forces internes (musculaires, articulaires, ligamentaires) passe généralement par une étape de modélisation du système étudié. À partir de ces modèles (nécessitant des données anthropométriques et anatomiques...) il est possible de passer des valeurs de moments et de forces externes aux valeurs de moments et de forces internes.

Moment d'une force

Nous avons vu dans les équations (2) et (4) la notion de moment des forces externes. De manière générale, le moment d'une force exprime l'action d'une force à distance. Si l'on considère une force $\vec{F}$ s'appliquant au point *M* (fig. 1-3), le moment de $\vec{F}$ par rapport au point *O* est défini par le produit vectoriel :

$$\vec{M}_O(\vec{F}) = \overrightarrow{OM} \wedge \vec{F}$$

Ce vecteur ($\vec{M}_O(\vec{F})$) est perpendiculaire au plan formé par les vecteurs $\overrightarrow{OM}$ et $\vec{F}$, son sens est tel qu'il forme un trièdre direct (comme $\vec{i}, \vec{j}, \vec{k}$), et son intensité est définie par :

$$M_O(\vec{F}) = OM \times F \times \sin(\overrightarrow{OM} \wedge \vec{F})$$

Si l'on considère la distance *d* qui est définie par :

$$d = OM \times \sin(\overrightarrow{OM} \wedge \vec{F})$$

alors, l'intensité du moment de $\vec{F}$ par rapport à *O* devient :

$$M_O(\vec{F}) = F \times d$$

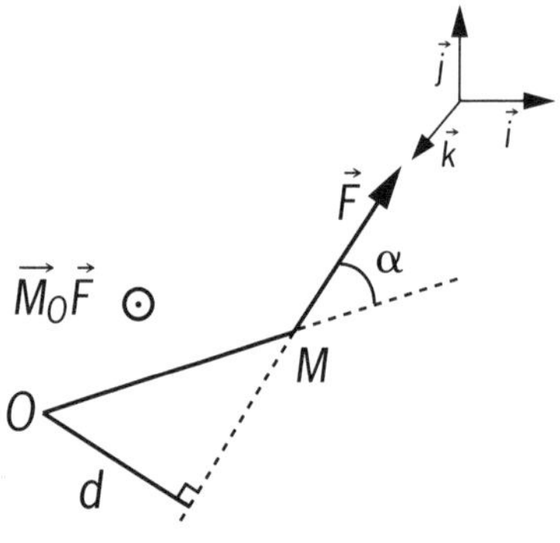

Figure 1-3. Moment d'une force $\vec{F}$ par rapport à un point M

d représente le bras de levier de la force $\vec{F}$ par rapport à *O*.

Dans des conditions statiques mais aussi dynamiques, le sens du moment d'une force par rapport à un point donne la tendance de la rotation. La représentation graphique de cette tendance est ⊙ si le moment est positif et ⊗ si le moment est négatif. Par convention, le sens positif correspond au sens trigonométrique ou antihoraire. À partir du trièdre $(\vec{i}, \vec{j}, \vec{k})$, le produit vectoriel $\vec{i} \wedge \vec{j}$ donne le vecteur $\vec{k}$, alors que le produit vectoriel $\vec{j} \wedge \vec{i}$ donne le vecteur $-\vec{k}$. Par exemple, considérons une schématisation de l'articulation du coude (fig. 1-4). Le point O correspond au centre articulaire, $\vec{F}$ et $\vec{E}$ sont les forces qui représentent respectivement l'action des muscles fléchisseurs et extenseurs. Si les vecteurs $\vec{F}$ et $\vec{E}$ ainsi que l'avant-bras supportant les points B, O et A sont contenus dans un même plan alors, le moment de $\vec{F}$ par rapport à O donne la tendance à la flexion de l'avant-bras sur le bras (moment positif), et le moment de $\vec{E}$ par rapport à O donne la tendance à l'extension de l'avant-bras sur le bras (moment négatif).

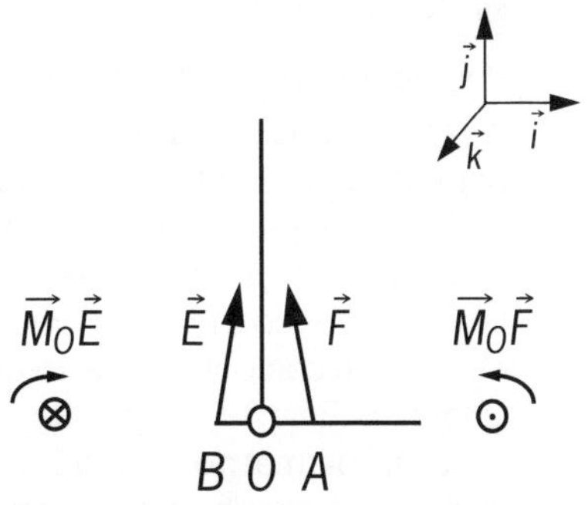

Figure 1-4. Représentation schématique de l'action des muscles fléchisseur ($\vec{F}$) et extenseur ($\vec{E}$) du coude

Le moment d'une force est une donnée essentielle en biomécanique. En effet, l'action des muscles se fait au travers des leviers articulaires, ce qui engendre des mouvements angulaires.

Décomposition de force

La décomposition d'une force permet dans certains cas d'apprécier et d'évaluer, pour différentes configurations du système étudié, les effets de cette force.

Composante de rotation, composante de stabilisation

Il s'agit ici d'analyser l'action d'une force musculaire par rapport à une articulation. Si l'on considère une articulation simple telle que l'articulation du coude, l'action des muscles fléchisseurs n'aura pas, en fonction de l'angle articulaire les mêmes effets. Sur la figure 1-5 nous avons représenté l'architecture osseuse du coude pour différentes configurations articulaires. L'action des muscles fléchisseurs est représentée par le vecteur $\vec{B}$ dont l'orientation est définie par rapport à l'avant-bras (θ). Ce vecteur peut être décomposé en deux vecteurs qui sont :

- $\vec{T}$ supporté par un axe perpendiculaire à l'avant-bras ;
- $\vec{S}$ supporté par un axe qui est dans le plan de l'avant-bras.

Quelle que soit la configuration articulaire considérée, nous avons toujours :

$$\vec{B} = \vec{T} + \vec{S}$$

Le moment de $\vec{B}$ par rapport à O est défini par :

$$\vec{M}_O(\vec{B}) = \overrightarrow{OA} \wedge \vec{B} = \overrightarrow{OA} \wedge \vec{T} + \overrightarrow{OA} \wedge \vec{S}$$

L'intensité du moment de $\vec{B}$ par rapport à O est :

$$M_O(\vec{B}) = OA \times T \times \sin(\overrightarrow{OA} \wedge \vec{T}) + OA \times S \times \sin(\overrightarrow{OA} \wedge \vec{S}) = OA \times T$$

avec :

$\sin\,(\overrightarrow{OA}, \vec{T}) = 1$

$\sin\,(\overrightarrow{OA}, \vec{S}) = 0$

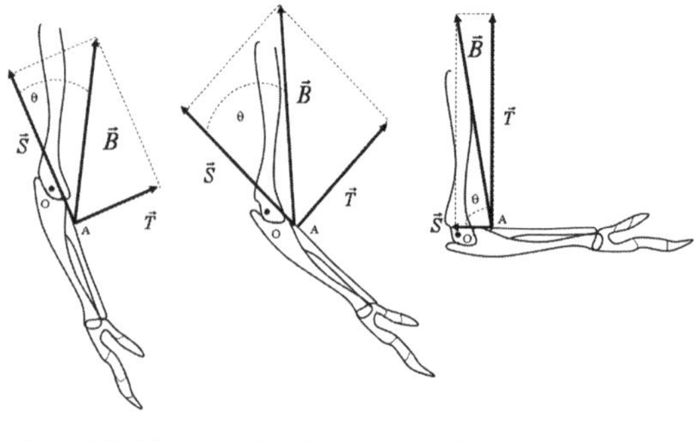

Figure 1-5. Décomposition de forces pour l'articulation du coude et pour différentes positions angulaires

Pour toutes les configurations articulaires, l'intensité du moment de $\vec{B}$ par rapport au centre articulaire O est définie par le produit de la composante T par la distance OA. Dans ces conditions, T correspond à la composante efficace ou composante de rotation de la force B. En effet, c'est cette composante qui permet de réaliser l'action de flexion de l'avant-bras sur le bras. La composante S ne participe pas au mouvement de flexion. Lorsque l'angle θ est inférieur à 90°, la composante S est orientée vers le centre articulaire O, son action tend à comprimer les surfaces articulaires. Lorsque l'angle θ est supérieur à 90°, la composante S est orientée à l'opposé du centre O, son action tend à disjoindre les surfaces articulaires. La composante S correspond à la composante de stabilisation. Les actions des composantes S et T vont varier en fonction de l'angle articulaire. En effet, si l'on considère une force B constante, la composante S sera supérieure à la composante T lorsque le coude est proche de l'extension complète, l'inverse se réalise lorsque le coude est proche de la flexion complète (fig. 1-5). Dans ce cas, le moment de B par rapport à O va varier en fonction de la position angulaire de l'articulation (Tableau 1).

Tableau 1. Effet de l'angle articulaire sur la valeur des composantes de S et T pour une force $B = 100\ N$ ($S = B \cos\theta$; $T = B \sin\theta$)

Angle θ (°)	S (N)	T (N)
15	96,6	25,9
30	86,6	50,0
90	0	100,0
110	34,4	94,0

Composante de compression, composante de glissement

Il s'agit ici d'analyser l'action d'une force sur un plan plus ou moins incliné. Pour cela, nous allons prendre pour exemple la jonction lombosacrée (fig. 1-6). Cette articulation anatomique comprend la dernière vertèbre lombaire, le plateau du sacrum et le disque intervertébral qui se situe entre ces deux structures osseuses. En position debout (statique), le poids du haut du corps $\vec{W}$ agit sur le plateau sacré qui est incliné d'un angle θ par rapport à l'horizontal (angle sacral). Cette force se décompose en une composante $\vec{S}$

supportée par un axe qui se situe dans le plan du plateau sacré, et une composante $\vec{C}$ supportée par un axe perpendiculaire au plateau sacré. Quel que soit l'angle θ, nous avons :

$$\vec{W} = \vec{S} + \vec{C} \text{ avec } S = W \sin\theta \text{ et } C = W \cos\theta$$

Représentation des composantes de compression ($\vec{C}$) et de glissement ($\vec{S}$)

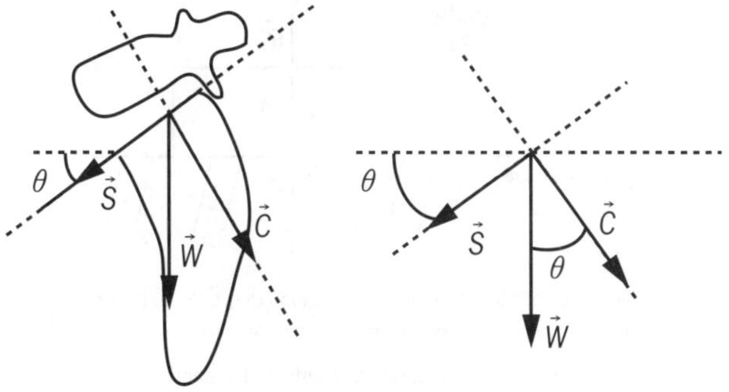

Figure 1-6. Jonction lombosacrée

Si le poids du haut du corps est constant, la composante $\vec{S}$ va augmenter avec l'augmentation de l'angle θ, alors que la composante $\vec{C}$ va diminuer. La composante $\vec{C}$ est une composante de compression, son action a pour effet de comprimer le disque intervertébral sur le plateau sacré. La composante $\vec{S}$ est une composante de glissement, son action a pour effet de faire glisser le disque intervertébral sur le plateau sacré. La fonction du disque intervertébral est d'amortir les chocs. Aussi, lorsque l'angle θ est supérieur à 45° la composante de glissement sera supérieure à la composante de compression (Tableau 2). Dans ce cas, le disque va glisser sur le plateau sacral, il ne pourra donc plus assurer efficacement sa fonction d'amortissement. Ce phénomène peut se produire dans le cas d'hyperlordose (θ > 45°).

Tableau 2. Effets de l'angle sacral (θ) sur les valeurs des composantes $\vec{C}$ et $\vec{P}$ pour $\vec{W}$ = 500 *N*

θ (°)	C (*N*)	S (*N*)
30	433,0	250,0
40	387,4	321,4
45	353,6	353,6,
50	321,4	383,0
60	250,0	433,0

Remarque :
Dans le cas de la compression, on utilise généralement la notion de contrainte

(σ, pression) qui correspond au rapport entre la force et la surface de contact

σ = Force/Surface ($N.m^{-2}$)

Force de contact entre solides

Considérons un solide placé sur un support dans des conditions statiques et dans le cas d'un contact idéal (sans frottement – figure 1-7). Le solide est soumis à deux forces externes, son poids $\vec{P}$ et la réaction du support $\vec{R}$ (principe d'action/réaction). Si l'on applique le principe de non-translation, on a :

$$\sum \vec{F}_{ext} = \vec{O} = \vec{P} + \vec{R}$$

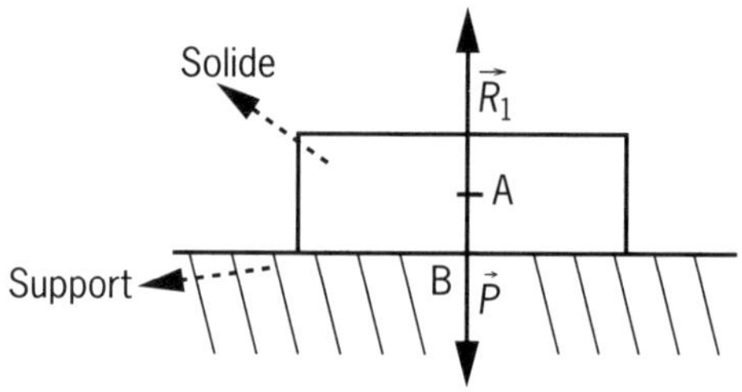

Le point A correspond au point d'application du poids du solide ($\vec{P}$).
Le point B correspond au point d'application de la réaction du sol ($\vec{R}$).

Figure 1-7. Contact entre solide et support

$P = R = m.g$ (m correspond à la masse du solide [kg] et g à la gravité [9,81 $m.s^{-1}$])

Dans ce cas, la réaction du support sera un vecteur directement opposé au poids du solide.

Dans le cas d'appuis plantaires, la force de réaction se répartit sous l'appui (on exerce une pression sur le sol). On assimile généralement cette pression en une force de réaction que l'on appliquera au centre des forces de pression (voir chap. 4.2).

Force de frottement entre solides

Dans le cas d'un contact idéal, que le solide se déplace ou non, la réaction du sol est directement opposée au poids du sujet. Ceci n'est pas le cas lors d'un contact avec frottement (fig. 1-8).

> **DÉFINITION**
>
> Lorsqu'un solide se déplace ou tend à se déplacer à la surface d'un autre solide, la force qui s'oppose au déplacement est appelée force de frottement.

Dans le cas de frottement de glissement, la force de frottement est :

- dépendante de la nature des surfaces en contact ;
- indépendante de l'étendue des surfaces en contact ;
- proportionnelle à la valeur de la force normale aux surfaces en contact (bien souvent le poids), à savoir :

  $R_t = \mu R_n$

R_t correspond à la force de frottement, cette force est tangentielle aux surfaces en contact, R_n correspond à la composante normale aux surfaces en contact, μ est le coefficient de frottement.

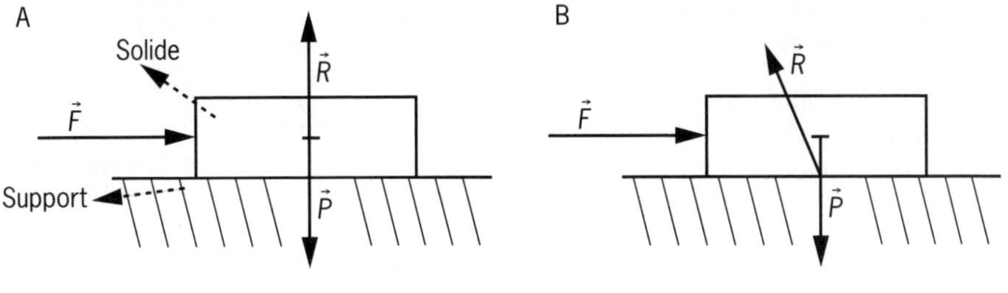

Figure 1-8. Contact idéal (A) et contact avec frottement (B) $\vec{P}$ correspond au poids du solide, $\vec{R}$ correspond à la réaction du support et $\vec{F}$ est une force qui déplace ou tend à déplacer le solide

Nous pouvons noter que l'inclinaison de la force de réaction du support par rapport à la composante normale est définie par l'angle α dont la valeur de la tangente est égale au coefficient μ.

$$\tan\alpha = \frac{R_t}{R_n} = \mu$$

Il existe une valeur limite de μ au-delà de laquelle le solide se déplace. Dès lors que le corps se déplace, le coefficient μ devient inférieur à μ limite.

Considérons un solide immobile sur son support (fig. 1-9). Ce dernier est soumis à 3 forces externes qui sont :

- $\vec{P}$: poids du solide ;
- $\vec{F}$: force externe qui tend à déplacer le solide ;
- $\vec{R}$: réaction du sol.

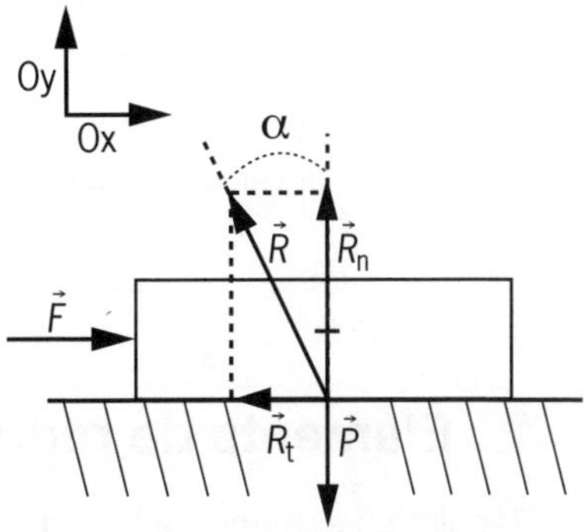

Figure 1-9. Décomposition de la force de réaction du support dans le cas d'un contact avec frottement

Le solide étant dans des conditions statiques, le principe de non-translation s'écrit :

$$\sum \vec{F}_{ext} = \vec{0} = \vec{P} + \vec{R} + \vec{F}$$

Si $\vec{R}_n$ et $\vec{R}_t$ sont les composantes normale (suivant (Oy)) et tangentielle (suivant (Ox)) alors on obtient suivant les axes :

$$(Ox)/\ F - R_t = 0 \Rightarrow F = R_t$$

$$(Oy)/\ R_n - P = 0 \Rightarrow R_n = P$$

$$R = \sqrt{R_n^2 + R_t^2} = \sqrt{P^2 + F^2}$$

La réaction du support n'est pas directement opposée au poids du solide.

Pour déterminer la force $\vec{F}$ nécessaire à appliquer au système pour qu'il se déplace, on se place à une valeur de $\mu = \mu$ limite (μ_l). Dans notre cas, pour que le solide se déplace il faudra que la force soit :

$$F > R_t \Rightarrow R_t = \mu_l . R_n = \mu_l . P \Rightarrow F > \mu_l . P$$

On peut noter que pour certaines activités physiques et sportives, on tente de réduire les frottements, c'est le cas pour les sports de glisse (voile, ski...), alors que pour d'autres activités on essaie d'augmenter les frottements comme par exemple en gymnastique sportive (contact barre-mains), en escalade...

En étudiant l'équilibre d'un solide sur un support incliné, il est possible de déterminer le coefficient de frottement limite au-delà duquel le solide glisse sur le support incliné.

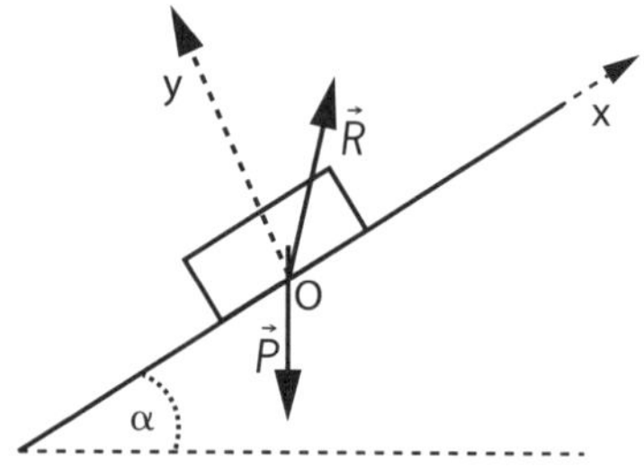

Figure 1-10. Équilibre d'un solide sur un support incliné

Le solide est soumis à deux forces externes qui sont son poids ($\vec{P}$) et la réaction du support ($\vec{R}$). Le solide est en équilibre, nous avons :

$$\sum \vec{F}_{ext} = \vec{0} = \vec{P} + \vec{R} \Rightarrow \begin{Bmatrix} Ox : R_t - P\sin\alpha = 0 \\ Oy : R_n - P\cos\alpha = 0 \end{Bmatrix} \text{ avec par définition } \vec{R} = \vec{R}_t + \vec{R}_n$$

et : $R_t = \mu R_n \Rightarrow \mu = \dfrac{R_t}{R_n} = \dfrac{P\sin\alpha}{P\cos\alpha}$

Dans ces conditions le coefficient de frottement est : $\mu = \dfrac{\sin\alpha}{\cos\alpha} = \tan\alpha$

Le solide glissera sur le support dès lors que la valeur de la tangente de l'angle α sera supérieure à la valeur du coefficient de frottement μ_l.

2 Éléments de réduction d'un système

Réduire un système de forces ou de moments, c'est le résumer à une force ou à un moment.

Force résultante

Si l'on considère un système quelconque soumis à différentes forces élémentaires, réduire ce système à un système soumis à une force consiste à déterminer par addition vectorielle la force résultante.

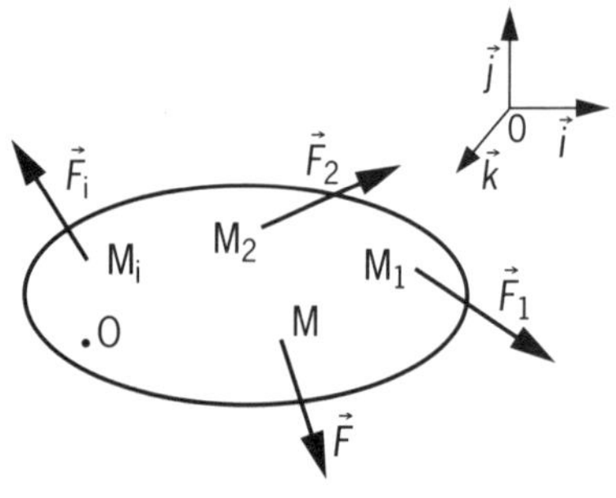

Figure 1-11. Solide soumis à différentes forces élémentaires

Soit un système (fig. 1-11) soumis à des forces $\vec{F}_1, \vec{F}_2, \ldots \vec{F}_i \ldots, \vec{F}_n$, la force résultante $\vec{F}$ est :

$$\vec{F} = \sum_{i=1}^{i=n} \vec{F}_i = \sum_{i=1}^{i=n} (F_i x)\vec{i} + \sum_{i=1}^{i=n} (F_i y)\vec{j} + \sum_{i=1}^{i=n} (F_i z)\vec{k} = Fx\vec{i} + Fy\vec{j} + Fz\vec{k}$$

Ici, $F_i x, F_i y, F_i z$ représentent les composantes de $\vec{F}_i$ dans un repère orthonormé ($\vec{i}, \vec{j}, \vec{k}$).

L'intensité de $\vec{F}$ est définie par la norme de $\vec{F}$:

$$F = \sqrt{F_x^2 + F_y^2 + F_z^2}$$

Nous pouvons par exemple réduire l'action des muscles biceps brachii, brachio radialis et brachialis antérieur lors de la flexion du coude à une force résultante correspondant à l'action des principaux muscles fléchisseurs du coude (il peut en être de même pour l'extension du genou par exemple) (fig. 1-12).

Exemple :
L'articulation du coude fait un angle de 90°, l'avant-bras est horizontal. L'action de chacun des muscles est représentée par un vecteur dont le point d'application est le point A. Chaque vecteur force est orienté par rapport à l'avant-bras d'un angle α. En considérant que ces vecteurs sont tous contenus dans un même plan, nous pouvons déterminer le vecteur résultant qui correspond à l'action des muscles fléchisseurs du coude.

Orientation des vecteurs forces par rapport à l'axe (Ax) :

$(\widehat{Ax, F_1}) = \alpha_1$ $\quad$ $(\widehat{Ax, F_2}) = \alpha_2$ $\quad$ $(\widehat{Ax, F_3}) = \alpha_3$

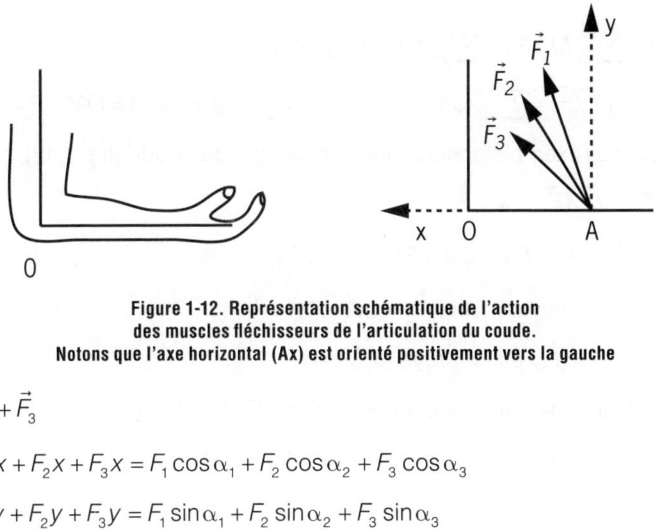

Figure 1-12. Représentation schématique de l'action des muscles fléchisseurs de l'articulation du coude. Notons que l'axe horizontal (Ax) est orienté positivement vers la gauche

$$\vec{F} = \vec{F}_1 + \vec{F}_2 + \vec{F}_3$$

$$\text{Ax}/\ Fx = F_1 x + F_2 x + F_3 x = F_1 \cos\alpha_1 + F_2 \cos\alpha_2 + F_3 \cos\alpha_3$$

$$\text{Ay}/\ Fy = F_1 y + F_2 y + F_3 y = F_1 \sin\alpha_1 + F_2 \sin\alpha_2 + F_3 \sin\alpha_3$$

$$F = \sqrt{Fx^2 + Fy^2}$$

L'orientation de F par rapport à l'avant-bras est :

$$\tan\alpha = \frac{\sin\alpha}{\cos\alpha} = \frac{F\sin\alpha}{F\cos\alpha} = \frac{Fy}{Fx}$$

Application numérique :

$F_1 = 290\ N$ $\alpha_1 = 50°$

$F_2 = 440\ N$ $\alpha_2 = 78{,}6°$

$F_3 = 95\ N$ $\alpha_3 = 72{,}8°$

$Fx = 301{,}5\ N$ $Fy = 744{,}2\ N$ $F = 803\ N$ $\alpha = 68°$

Moment résultant

Tout comme précédemment, nous pouvons résumer l'action des moments des forces élémentaires appliquées à un système à un moment résultant.

Le moment par rapport à O d'une force élémentaire $\vec{Fi}$ s'appliquant au point M_i est défini par :

$$\vec{M}_O(\vec{F}_i) = \overrightarrow{OM_i} \wedge \vec{F}_i$$

Son intensité est :

$$M_O(\vec{F}_i) = OM_i \times F_i \times \sin\alpha_i = OH_i \times F_i$$

$OH_i = OM_i \times \sin\alpha_i$ H_i est la projection perpendiculaire du point O sur la ligne d'action de F_i.

Si : $\vec{F} = \sum_{i=1}^{i=n} \vec{F}_i$

Alors : $\vec{M}_O(\vec{F}) = \sum_{i=1}^{i=n} \vec{M}_O(\vec{F}_i) = \sum_{i=1}^{i=n} (\overrightarrow{OM_i} \wedge \vec{F}_i) = \overrightarrow{OM} \wedge \vec{F}$

L'intensité sera : $M_O(\vec{F}) = \sum_{i=1}^{i=n} (OM_i \times F_i \times \sin\alpha_i) = \sum_{i=1}^{i=n} (OH_i \times F_i) = OM \times F \times \sin\alpha$

Si nous reprenons l'exemple concernant l'articulation du coude (fig. 1-12), nous avons :

$$\vec{M}_O(\vec{F}) = \vec{M}_O(\vec{F}_1) + \vec{M}_O(\vec{F}_2) + \vec{M}_O(\vec{F}_3)$$

$$\vec{M}_O(\vec{F}_1) = \overrightarrow{OA} \wedge \vec{F}_1 = \overrightarrow{OA} \wedge \vec{F}_1x + \overrightarrow{OA} \wedge \vec{F}_1y = \overrightarrow{OA} \wedge \vec{F}_1y$$

L'intensité de ce moment est : $M_O(\vec{F}_1) = OA \times F_1y$

Donc : $\vec{M}_o(\vec{F}) = \overrightarrow{OA} \wedge (\vec{F}_1y + \vec{F}_2y + \vec{F}_3y)$

L'intensité est définie par : $M_o\vec{F} = OA \times (F_1y + F_2y + F_3y) = OA \times Fy$

Sa représentation schématique vous est donnée à la figure 1-13.

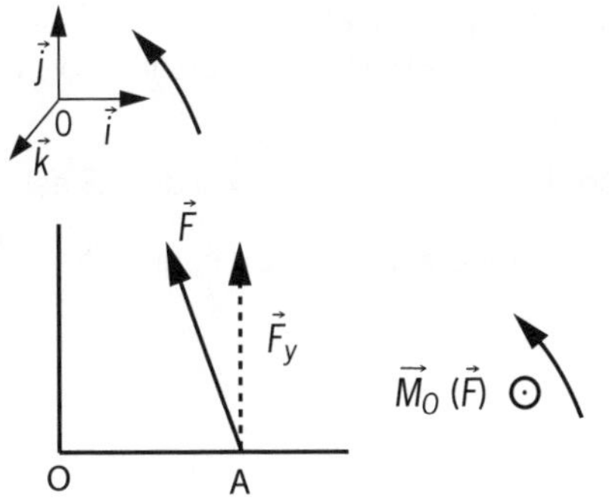

Le vecteur en pointillé représente la composante verticale de la force *F*.

Figure 1-13. Représentation schématique du moment des muscles fléchisseurs du coude

Application numérique :

Si la distance (*OA*) = 4 cm le moment de *F* par rapport à *O* est :

$$M\left({}_{o}\vec{F}\right) = 29{,}8\ Nm$$

Exemple de réduction d'un système de force : cas du poids

Si nous considérons un solide quelconque constitué de particules élémentaires, chaque particule élémentaire possède un poids élémentaire qui est le produit de la masse élémentaire de la particule par la gravité. La masse totale du solide correspond à la somme des masses élémentaires, son poids à la somme des poids élémentaires. Ce dernier s'applique en un point fictif qui correspond au centre de gravité du solide (*CG*) (fig. 1-14). La position de ce point correspond au point pour lequel la somme des moments des poids élémentaires par rapport à ce point est nulle, c'est donc le barycentre des masses élémentaires. Si le système étudié est un solide homogène ou non, la position du *CG* de ce solide sera un point fixe et ce, quelle que soit la position du solide dans l'espace. Si par contre le système étudié est constitué de solides articulés, la position du *CG* du système sera non fixe, et elle va se déplacer en fonction de l'agencement dans l'espace des différents solides constituant le système. C'est notamment le cas pour le corps humain. En effet, toutes modifications de la position d'un ou de plusieurs segments les uns par rapport aux autres va induire une modification de la position du centre de gravité du corps entier. Dès lors, lorsque l'on étudie au cours d'un mouvement la trajectoire du centre de gravité d'un individu, il est nécessaire de définir à chaque instant du mouvement la position de ce point.

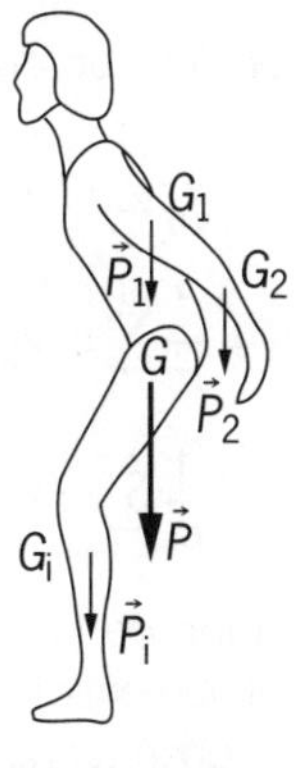

Les différents segments sont assimilés à des solides indéformables et homogènes.

Figure 1-14. Poids élémentaires et centres de gravité des segments pour une gymnaste

Pour déterminer la position du *CG* du corps, nous allons considérer que chaque segment du corps est un solide homogène ayant une masse et un poids élémentaire, ce dernier s'appliquant au centre de gravité du segment considéré (CG_i) (fig. 1-14).

La position du centre de gravité de chaque segment nous est fournie par des tables anthropométriques obtenues à partir d'études réalisées sur des cadavres. Ces tables donnent à partir du poids total de l'individu la position de CG_i en pourcentage de la longueur du segment considéré.

Pour une posture donnée de l'individu, la position du *CG* est définie par :

$\sum_{i=1}^{n} \vec{M}_G(\vec{P}_i) = \vec{0}$ avec P_i = poids élémentaire du segment i

$$\sum_{i=1}^{n} (\overrightarrow{GG_i} \wedge \vec{P}_i) = \vec{0}$$

si : $\vec{P}_i = m_i \vec{g}$

alors : $\sum_{i=1}^{n} (m_i \overrightarrow{GG_i} \wedge \vec{g}) = \vec{0}$

Pour que ce produit soit nul il faut que : $\sum_{i=1}^{n} m_i \overrightarrow{GG_i} = \vec{0}$

Si l'on place l'individu dans un repère orthonormé (O, Ox, Oy, O_z) alors : (fig. 1-15)

$$\overrightarrow{GG_i} = \overrightarrow{GO} + \overrightarrow{OG_i}$$

La position du centre de gravité sera définie par :

$$\overrightarrow{OG} = \frac{1}{m} \sum_{i=1}^{n} m_i \overrightarrow{OG_i} \text{ avec } m = \sum_{i=1}^{n} m_i$$

La position du centre de gravité se définit comme le barycentre des masses élémentaires.

Si les coordonnées de G et de G_i sont respectivement :

$$\overrightarrow{OG}(x_G, y_G, z_G) \qquad \overrightarrow{OG_i}(x_{G_i}, y_{G_i}, z_{G_i})$$

alors les coordonnées de *OG* seront définies par :

$$x_G = \frac{1}{m} \sum_{i=1}^{n} m_i x_{G_i}$$

$$y_G = \frac{1}{m} \sum_{i=1}^{n} m_i y_{G_i}$$

$$z_G = \frac{1}{m} \sum_{i=1}^{n} m_i z_{G_i}$$

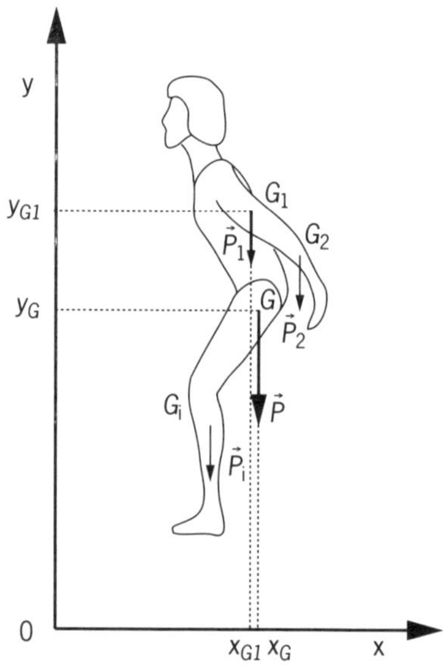

Figure 1-15. Coordonnées des centres de gravité des différents segments suivant deux axes (Ox; Oy)

L'étude de la trajectoire du *CG* renseigne sur le mouvement global réalisé par l'individu, dans ce cas nous résumons l'individu à un point. En conséquence, en fonction de la configuration spatiale des différents segments les uns par rapport aux autres, le *CG* peut être à l'extérieur de l'individu (cas d'un gymnaste qui réalise un pont). Aussi, la seule étude de la trajectoire du *CG* peut aboutir, dans certains cas, à une conclusion erronée concernant la performance réelle réalisée par l'athlète. Si nous considérons par exemple le cas du saut en hauteur, le *CG* de l'athlète peut ne pas passer au-dessus de la barre, alors que l'athlète a effectivement franchi cette dernière. En effet, lors d'un saut en Fosbury, l'athlète au moment du franchissement est en extension dorsale au-dessus de la barre, dans ce cas son *CG*, qui est en dessous et à l'extérieur de lui, peut passer en dessous de la barre.

Exemple : détermination simple de la hauteur du centre de gravité pour un sujet.

Le principe consiste à peser un individu allongé sur un plateau (fig. 1-16) placé en équilibre sur une balance (point A) et un appui ponctuel (point O). Les pieds du sujet sont à l'aplomb du point A.

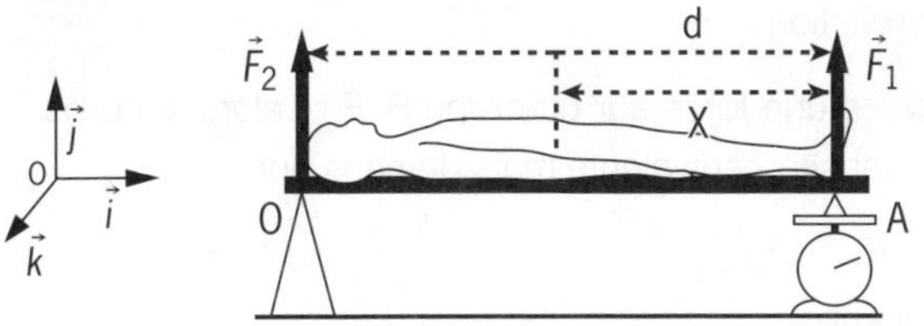

Figure 1-16. Détermination de la position verticale du *CG* à partir d'une mesure sur plateau

Le système étudié correspond au sujet. Celui-ci est soumis à trois forces externes :

- Poids du sujet : $\vec{P}$;
- Réactions $\vec{F}_1$ et $\vec{F}_2$.

Toutes ces forces sont perpendiculaires à $\vec{i}$ (axe horizontal)

Le sujet est dans des conditions statiques, nous avons :

soit $\sum \vec{M}_o \vec{F}_{ext} = \vec{0} = \vec{M}_o \vec{F}_1 + \vec{M}_o \vec{F}_2 + \vec{M}_o \vec{P} \Rightarrow \left\{ \vec{k} : M_o \vec{P} = M_o \vec{F}_1 \right\} \Rightarrow (d - x).P = d.F_1$

soit $x = -\dfrac{F_1.d}{P} + d$

Si $P = m.g$ et $F_1 = m_1.g$ avec m_1 correspondant à la mesure de la balance placée en A alors :

$$x = d - \frac{m_1.d}{m}$$

Dans ce cas x représente la hauteur du CG de l'individu debout.

Exemple numérique :

$m = 75$ kg

$m_1 = 31$ kg

$d = 1{,}75$ m

$x = 1{,}02$ m

Pour ce sujet la hauteur de son centre de gravité par rapport au sol sera 1,02 m.

3 Conditions générales d'équilibre – Postures

Conditions d'équilibre

Principe d'action/réaction :

Si un corps A exerce une force sur un corps B $\vec{F}_{A/B}$ alors le corps B exerce une force sur le corps A d'intensité équivalente mais de sens opposé $\vec{F}_{B/A}$.

$\vec{F}_{A/B} = -\vec{F}_{B/A} \qquad F_{A/B} = F_{B/A}$

Conditions d'équilibre :

Un système ou un corps est en équilibre dès lors qu'il n'est soumis à aucune accélération. On définit alors le principe de non-translation et de non-rotation.

$\sum \vec{F}_{ext} = \vec{0} \qquad \sum \vec{M}_O(\vec{F}_{ext}) = \vec{0}$

C'est à partir de ces relations que l'on peut déterminer complètement toutes les forces externes qui agissent sur un système en équilibre.

Conséquences :

- À l'équilibre, si un corps est soumis à deux forces alors les deux forces sont directement opposées (cas du poids et de la réaction du sol).
- Si un corps est soumis à trois forces alors ces forces, seront considérées comme coplanaires (toutes comprises dans un même plan), et elles peuvent être concourantes (les lignes d'action de ces forces sont sécantes en un point). À l'équilibre, la détermination des forces externes (trois forces ou plus) agissant sur un système nécessite l'application des principes de non-translation et de non-rotation.

Nous pouvons par exemple étudier les forces externes agissant sur un individu en appui sur un mur (fig. 1-17).

Le sujet est en équilibre et il est soumis à trois forces externes qui sont :

- $\vec{P}$ poids du sujet ;
- $\vec{R}_s$ réaction du sol au niveau des pieds ;
- $\vec{R}_m$ réaction du mur au niveau des mains.

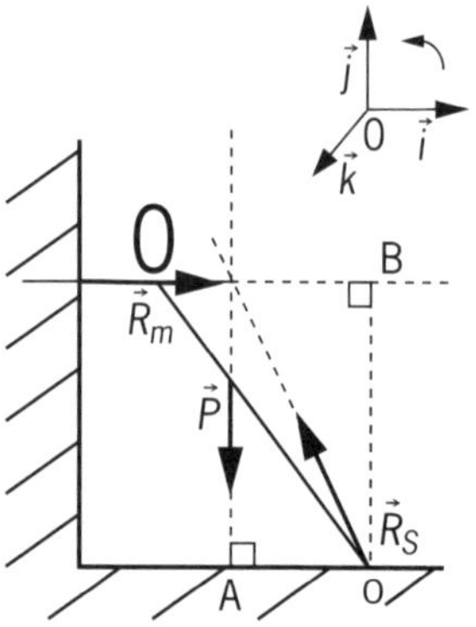

Figure 1-17. Système de forces externes agissant sur un individu en appui sur un mur

Pour le principe de non-translation nous avons :

$$\sum \vec{F}_{ext} = \vec{0} = \vec{P} + \vec{R}_s + \vec{R}_m \Rightarrow \begin{Bmatrix} \vec{i} \,/\, R_m - R_{sx} = 0 \\ \vec{j} \,/\, R_{sy} - P = 0 \end{Bmatrix}$$

Les forces sont décomposées suivant les vecteurs unitaires $\vec{i}$ (axe horizontal) et $\vec{j}$ (axe vertical).

Pour le principe de non-rotation nous avons :

$$\sum \vec{M}_O(\vec{F}_{ext}) = \vec{0} = \vec{M}_O(\vec{P}) + \vec{M}_O(\vec{R})_s + \vec{M}_O(\vec{R}_m) \Rightarrow \left\{ \vec{k} : -M_O(\vec{R}_m) + M_O(\vec{P}) = 0 \right\}$$

Les moments des forces par rapport au point O (point d'application de la réaction du sol) sont supportés par le vecteur unitaire $\vec{k}$ (axe perpendiculaire au plan formé par les vecteurs $\vec{i}$ et $\vec{j}$). Notons que le moment d'une force par rapport à son propre point d'application est toujours nul, donc $\vec{M}_O(\vec{R}_s) = \vec{0}$ et $M_O(\vec{R}_s) = 0$.

Par définition, le moment d'une force est déterminé par le produit de la force par son bras de levier. Ce dernier est obtenu en projetant le point O perpendiculairement à la ligne d'action de la force. Nous avons donc suivant $\vec{k}: -R_m.(OB) + P.(OA) = 0 \Rightarrow R_m = \frac{P.(OA)}{(OB)}$

Pour les vecteurs $\vec{i}$ et $\vec{j}$ nous avons :

$$\left.\begin{array}{l} \vec{i} \,/\, R_{sx} = R_m = \dfrac{P.(OA)}{(OB)} \\ \vec{j} \,/\, R_{sy} = P \end{array}\right\} \Rightarrow R_s = \sqrt{R_{sx}^{\ 2} + R_{sy}^{\ 2}}$$

L'intensité de la réaction du sol est définie par la norme du vecteur.

Application numérique :

Données $P = 750\ N$; $(OA) = 0{,}60\ m$; $(OB) = 1{,}30\ m$

$R_m = 346{,}15\ N$ $R_{sx} = 346{,}15\ N$ $R_{sy} = 750\ N$ $R_s = 826\ N$

Nous pouvons remarquer, à partir de cet exemple que la réaction du sol est supérieure au poids du sujet. Ceci n'est pas le cas lorsque le sujet se maintient en équilibre debout. En effet dans ce cas le sujet est soumis à deux forces externes (son poids et la réaction du sol), la réaction du sol est directement opposée au poids du sujet et son intensité est équivalente au poids (dans notre cas 750 N).

Le même principe d'analyse peut être utilisé lorsque l'on étudie l'équilibre d'une structure anatomique. Nous envisageons le cas d'un individu qui maintient une charge dans la main avec un angle bras avant-bras de 90° (l'avant-bras étant horizontal), et nous voulons déterminer la force musculaire que doivent produire les muscles fléchisseurs pour maintenir cette charge (fig. 1-18).

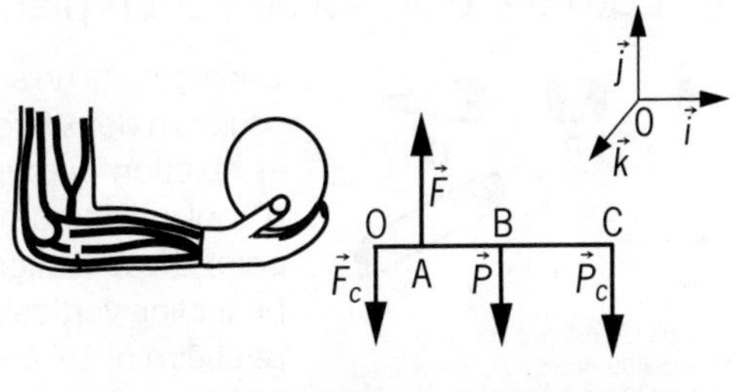

Figure 1-18. Schématisation de l'action des forces intervenant sur l'avant-bras lors du maintien d'une charge avec un angle bras avant-bras de 90°

Le système étudié correspond à l'avant-bras. Il est soumis à quatre forces externes qui sont :

- $\vec{P}$ poids de l'avant-bras ;
- $\vec{P}_c$ poids de la charge ;
- $\vec{F}$ force musculaire des muscles fléchisseurs du coude ;
- $\vec{F}_c$ force de contact osseux qui correspond à l'action du bras sur l'avant-bras.

Pour estimer la force musculaire nécessaire au maintien de la charge, nous supposons que toutes les forces sont perpendiculaires à l'avant-bras (donc toutes parallèles).

L'avant-bras étant en équilibre, nous appliquons les principes de non-translation et de non-rotation.

$$\sum \vec{F}_{ext} = \vec{0} = \vec{P} + \vec{P}_c + \vec{F} + \vec{F}_c \Rightarrow \{j \,/\, F - P - P_c - F_c = 0\}$$

$$\sum \vec{M}_o\vec{F}_{ext} = \vec{0} = \vec{M}_o\vec{P} + \vec{M}_o\vec{F} + \vec{M}_o\vec{F}_c + \vec{M}_o\vec{P}_c$$
$$\Rightarrow \left\{ \vec{k} \,/\, M_o\vec{F} - M_o\vec{P} - M_o\vec{P}_c = 0 \right\}$$

Le moment d'une force étant, par définition, égale au produit de la force par le bras de levier, nous avons :

$$\vec{k} \,/\, F.(OA) - P.(OB) - P_c.(OC) = 0 \Rightarrow F = \frac{g[m.(OB) + m_c.(OC)]}{(OA)}$$

où m est la masse de l'avant-bras, m_c la masse de la charge et g la gravité (9,81 $m.s^{-2}$).

La force de contact osseuse F_c est définie par :

$$\vec{j} \,/\, F_c = F - P - P_c = g\left(\frac{m.(OB) + m_c.(OC)}{(OA)} - m - m_c\right)$$

Application numérique :

Données : $m = 1$ kg ; $m_c = 5$ kg ; $(OA) = 0{,}05$ m ; $(OB) = 0{,}15$ m ; $(OC) = 0{,}30$ m ; $g = 9{,}81\ m.s^{-2}$

$$F = 323{,}7\ N \qquad F_c = 264{,}9\ N$$

Pour maintenir une charge d'une masse de 5 kg (49 N), l'individu doit développer une force musculaire qui est six fois plus importante que le poids de la charge. La contrainte articulaire qui est dans cet exemple définie à partir de la force de contact osseuse est elle aussi plus importante que le poids de la charge.

Équilibre d'un solide sur un plan – base de sustentation

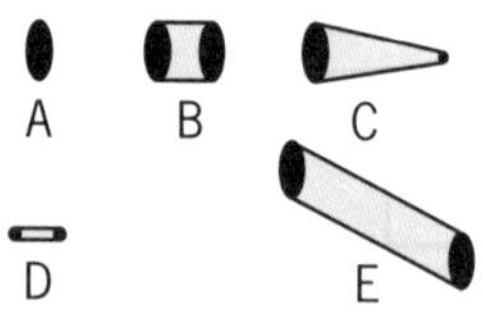

A. Individu debout sur un pied
B. Individu debout sur deux pieds
C. Individu debout sur un pied avec une béquille
D. Danseuse sur les pointes
E. Sport de combat

Figure 1-19. Représentation schématique des bases de sustentation (en gris) pour différents appuis

Considérons un solide en équilibre sur un support, ce solide est soumis à deux forces externes. Ces deux forces (poids du solide et réaction du support) sont directement opposées. Le point d'application du poids du solide s'applique au *CG* du solide, le point d'application de la réaction du support correspond à la projection verticale du *CG* sur le support. Ce point d'application peut être à l'extérieur des surfaces de contact entre support et solide, mais il se situe toujours dans la base de sustentation. Cette base est obtenue en joignant les points de contact avec le support les plus éloignés par un polygone qui englobe tous les autres points (fig. 1-19). Si le *CG* se projette à l'extérieur de la base de sustentation, le solide est en déséquilibre.

L'équilibre d'un solide peut être plus ou moins stable. Cette stabilité va dépendre de la taille de la surface de la base de sustentation ainsi que de la hauteur du *CG* par rapport au support. Pour augmenter la stabilité, il faut augmenter la surface de la base de sustentation et réduire la hauteur du *CG* (réduire l'énergie potentielle du solide $Ep = mgh$, où h correspond à la hauteur du *CG*). C'est notamment le cas dans certains sports de combat (judo, lutte…) où les athlètes adoptent généralement une attitude ramassée sur leurs appuis.

Remarque :
Pour l'homme, l'équilibre parfait n'existe pas. En effet, l'individu oscille autour d'une position d'équilibre, nous déterminons, alors l'équilibre dynamique (voir chap. 4.2)

$$\sum \vec{F}_{ext}(t) = m\vec{a}_g(t) \quad \vec{a}_g = \text{accélération du centre de gravité}$$

$$\vec{P} + \vec{R}(t) = m\vec{a}_g(t) \Rightarrow \begin{Bmatrix} \vec{i} : ma_g x(t) = R_x(t) \\ \vec{j} : ma_g y(t) = R_y(t) - mg \\ \vec{k} : ma_g z(t) = R_z(t) \end{Bmatrix}$$

Étude de posture

À partir de deux exemples, nous allons montrer que les forces internes nécessaires au maintien d'une position d'équilibre sont largement supérieures soit au poids du corps soit aux poids de la charge à maintenir.

Équilibre d'un sujet debout sur une pointe de pieds

Pour un individu debout sur une pointe de pied, la réaction du sol est déterminée en analysant l'équilibre du sujet. Le sujet étudié est soumis à deux forces externes qui sont :

- $\vec{P}$ poids du sujet (800 N)
- $\vec{R}$ réaction du sol

Les deux forces sont directement opposées, nous avons à l'équilibre :

$P = R = 800\,N$.

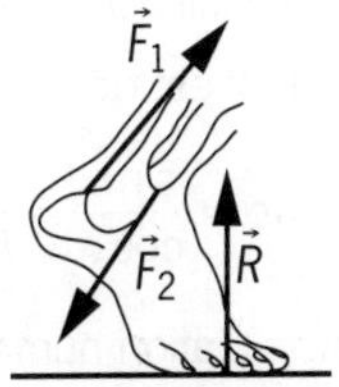

Figure 1-20. Équilibre du système « pied » pour un individu debout sur un pied

Pour analyser les forces s'exerçant au niveau de la cheville, nous étudions le système pied. Ce système est soumis (si nous négligeons le poids du pied) à trois forces externes qui sont :

- $\vec{R}$ réaction du sol s'appliquant au point A ;
- $\vec{F}_1$ force musculaire agissant au niveau du tendon d'Achille ;
- $\vec{F}_2$ action de la jambe sur le pied (action interosseuse).

La schématisation du système de force permet d'estimer la force musculaire nécessaire au maintien de la posture (fig. 1-21).

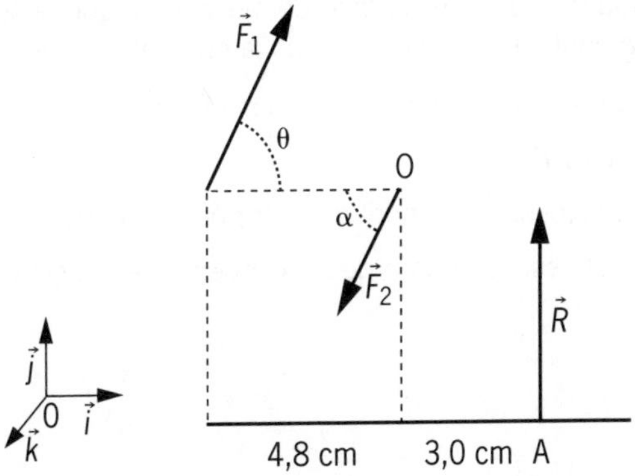

Figure 1-21. Représentation des forces externes agissant sur le pied lorsqu'un individu est debout sur une pointe de pied en équilibre

Nous avons :

$$\sum \vec{F}_{ext} = \vec{0} = \vec{F}_1 + \vec{F}_2 + \vec{R} = 0 \Rightarrow \begin{Bmatrix} \vec{i} : F_{1x} - F_{2x} = 0 \\ \vec{j} : F_{1y} - F_{2y} + R = 0 \end{Bmatrix}$$

$$\sum \vec{M}_O(\vec{F}_{ext}) = \vec{0} = \vec{M}_O(\vec{F}_1) + \vec{M}_O(\vec{F}_2) + \vec{M}_O(\vec{R}) \Rightarrow \left\{\vec{k} : -M_O(\vec{F}_1) + M_o(\vec{R}) = 0\right\}$$

$$\Rightarrow \left\{\vec{k} : M_O(\vec{R}) = \vec{M}_O(\vec{F}_1)\right\} \Rightarrow R.0,048 = F_1.0,03.\sin\theta$$

Suivant $\vec{k}$ nous avons :

$$F_1 = \frac{R.0,03}{0,048\sin\theta}$$

Suivant $\vec{i}$ et $\vec{j}$:

$$\vec{i} : F_{2x} = F_{1x} = F_1\cos\theta$$

$$\vec{j} : F_{2y} = F_{1y} + R = F_1\sin\theta + R$$

L'intensité de F_2 est : $F_2 = \sqrt{F_2x^2 + F_2y^2}$ l'orientation de cette force par rapport à l'horizontal est définie par l'angle α :

$$\tan\alpha = \frac{\sin\alpha}{\cos\alpha} = \frac{F_2\sin\alpha}{F_2\cos\alpha} = \frac{F_{2y}}{F_{2x}}$$

Application numérique : $R = 800\ N$; $\theta = 40°$

$F_1 = 1\,991,3\ N$ $\quad F_2x = 1\,525,4\ N$ $\quad F_2y = 2\,080$

$F_2 = 2\,579,4\ N$ $\quad \alpha = 53,7°$

L'intensité des forces F_1 et F_2 sont bien supérieures au poids du sujet ($P = 800\ N$).

Équilibre d'un sujet couché maintenant les jambes surélevées

Un sujet allongé sur le dos maintient ses jambes surélevées par rapport au sol d'un angle de 30° (Fig. 1-22). En étudiant l'équilibre des jambes, et à partir d'une schématisation de ce système, nous pouvons déterminer la force musculaire que le sujet doit développer, ainsi que la force de contact osseuse entre les jambes et le tronc.

Les jambes sont soumises à trois forces externes qui sont

- le poids des jambes $\vec{P}$;
- la force musculaire (essentiellement développée par le muscle psoas iliaque) $\vec{F}$;
- la force de contact osseuse (force de contact entre le bassin et le fémur) $\vec{R}$.

Figure 1-22. Sujet allongé sur le dos maintenant surélevées ses jambes. Schématisation des forces externes intervenant sur les jambes

Nous avons :

$$\sum \vec{F}_{ext} = \vec{0} = \vec{P} + \vec{R} + \vec{F} \Rightarrow \begin{Bmatrix} \vec{i} : R_x - F_x = 0 \\ \vec{j} : R_y - F_y - P = 0 \end{Bmatrix}$$

$$\sum \vec{M}_O(\vec{F}_{ext}) = \vec{0} = \vec{M}_O(\vec{R}) + \vec{M}_O(\vec{P}) + \vec{M}_O(\vec{F}) \Rightarrow \left\{ \vec{k} : M_O(\vec{F}) - M_O(\vec{P}) = 0 \right\}$$

$$\Rightarrow M_O(\vec{F}) = M_O(\vec{P}) \Rightarrow F.d.\cos\alpha = P.(OA)$$

Suivant $\vec{k}$ nous obtenons :

$$F = \frac{P.(OA)}{d\cos\alpha}$$

Suivant $\vec{i}$ et $\vec{j}$:

$$\left. \begin{matrix} R_x = F_x = F\cos\alpha \\ R_y = F_y + P = F\sin\alpha + P \end{matrix} \right\} \Rightarrow R = \sqrt{R_x^2 + R_y^2}$$

Application numérique :

Données (OA) = 30 cm ; P = 196,2 N ; α = 30° ;

d = 5 cm

F = 1 359 N $\quad$ Rx = 1 176,9 N $\quad$ Ry = 875,7 N $\quad$ R = 1 467 N

Dans cet exemple, nous pouvons remarquer que les forces musculaires ou interarticulaires sont supérieures au poids de la charge à maintenir (ici, le poids des jambes).

EXERCICES

EXERCICE 1.1. FORCE DE FROTTEMENT ENTRE SOLIDE

Un sujet veut déplacer un solide placé sur un plan incliné ($\alpha = 30°$) (fig. 1). Sachant que la masse du solide est de 800 kg et que le coefficient de frottement limite (μ_l) est de 0,60 ; déterminez la force $\vec{F}$ que le sujet doit appliquer pour déplacer le solide.

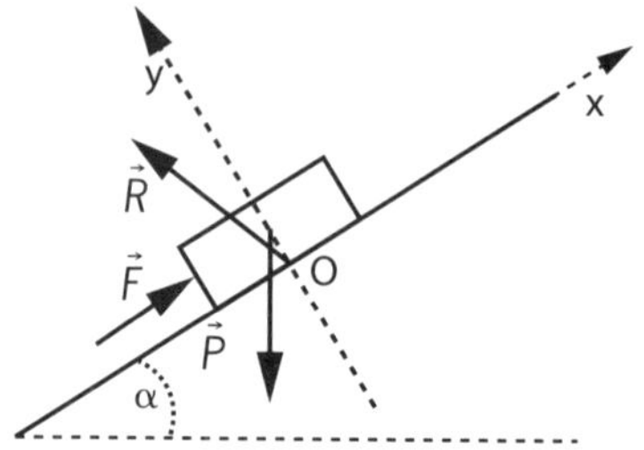

Figure 1. Forces s'exerçant sur un solide lorsqu'un sujet tente de le déplacer

EXERCICE 1.2. FORCES EXTERNES S'APPLIQUANT À UN SUJET EN POSITION DE POMPE

La figure montre une athlète en position de pompe. Sa masse corporelle est de 70 kg et son centre de gravité se projette au sol au point *P* à une distance de 95 cm par rapport aux pieds et de 66 cm par rapport aux mains.

Déterminez les forces exercées par le sol sur l'athlète au niveau des pieds et des mains. Peut-on répondre complètement à cette question ?

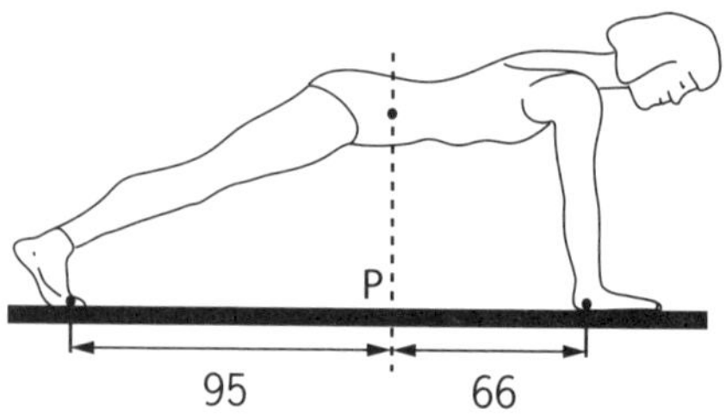

EXERCICE 1.3. FORCES EXTERNES TÊTE DROITE, TÊTE PENCHÉE

On se propose de déterminer dans des conditions particulières d'équilibres les différentes forces qui agissent sur la tête.

1. Tête en position verticale

La tête est en position d'équilibre sur la première vertèbre cervicale (atlas). À partir de la figure 1 et des données associées, déterminez :

a. la force $\vec{M}$ exercée par les muscles de la nuque sur la tête nécessaire au maintien de la position d'équilibre

b. la force $\vec{R}$ de contact osseuse s'appliquant en A

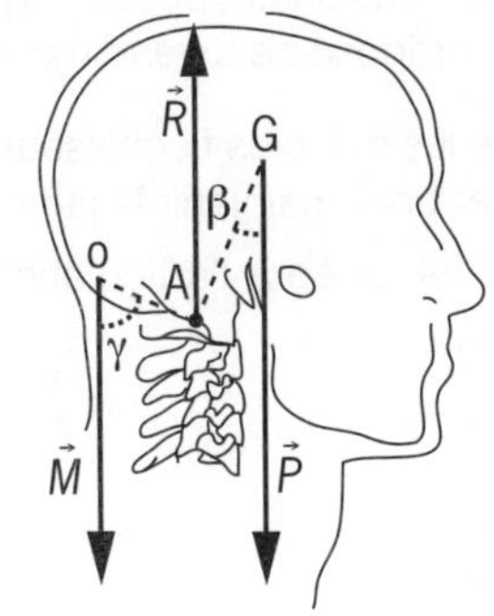

Masse de la tête $m = 3$ kg
$AO = 11$ cm $g = 10$ ms^{-2}
$AG = 10$ cm
$\gamma = 30°$ $\beta = 60°$

Figure 1. Tête verticale

2. Tête en position inclinée

À partir de la position verticale le sujet incline la tête d'un angle θ de 30°. À partir de cette nouvelle position d'équilibre, déterminez :

a. la force $\vec{M}$ exercée par les muscles de la nuque sur la tête nécessaire au maintien de la position d'équilibre

b. la force $\vec{R}$ de contact osseuse s'appliquant en A ainsi que l'angle α définissant l'orientation du vecteur R par rapport à l'horizontale

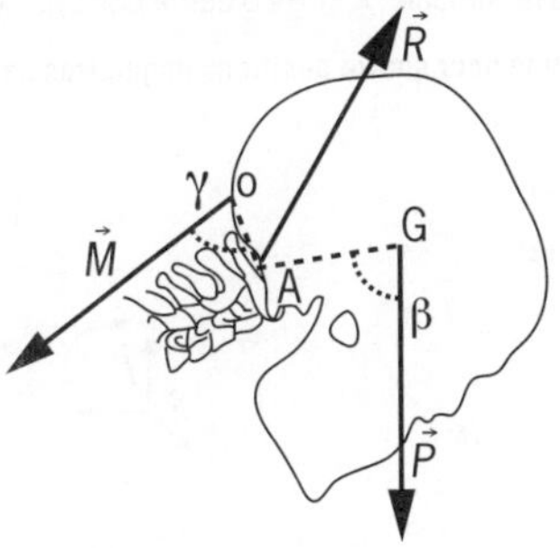

Masse de la tête $m = 3$ kg
$AO = 11$ cm $g = 10$ ms^{-2}
$AG = 10$ cm
$\gamma = 60°$ $\beta = 90°$

Angle entre $\vec{M}$ et l'axe horizontal est $\theta = 30°$

Figure 2. Tête penchée

EXERCICE 1.4. ÉQUILIBRE DE LA JAMBE FLÉCHIE EN POSITION DEBOUT

Un sujet maintient la jambe fléchie dans quatre positions angulaires différentes de l'articulation du genou (Figure 1). On se propose de déterminer dans chacune de ces positions.

- La force musculaire $\vec{F_m}$ que les muscles fléchisseurs de la jambe (muscles ischio-jambiers) doivent développer pour maintenir la jambe dans ces positions.
- La contrainte articulaire développée à l'articulation du genou (force de contact osseuse $\vec{F_c}$ s'appliquant au point O).

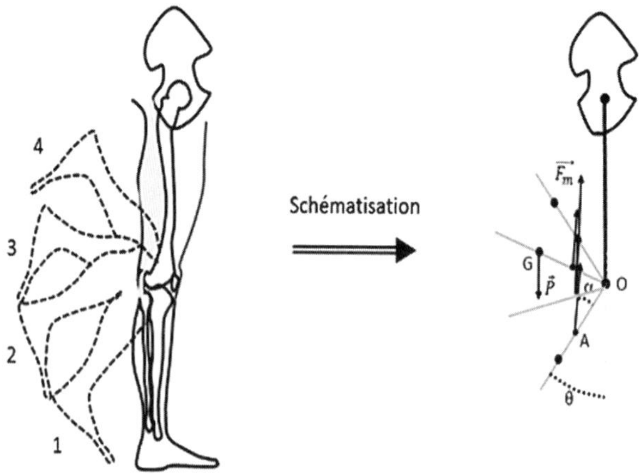

La schématisation (B) permet de définir les paramètres nécessaires à l'étude des différentes positions angulaires de l'articulation. $\vec{F_m}$ force musculaire appliquée au point A (action des muscles fléchisseurs de la jambe) ; $\vec{P}$ s'appliquant en G correspond au poids de la jambe ; α définit l'orientation de $\vec{F_m}$ par rapport à la jambe ; θ correspond à la position angulaire de la jambe définie par rapport à la verticale ; le point 0 correspond au centre articulaire.

Figure 1. Position de la jambe pour quatre positions angulaires de l'articulation du genou (A).

Données numériques :
Masse de la jambe m = 5 kg,
OG = 28 cm, OA = 5 cm, g = 9,81 $m.s^{-2}$

Position 1	θ = 40°	α = 20 °
Position 2	θ = 70°	α = 50°
Position 3	θ = 100°	α = 80°
Position 4	θ = 120°	α = 100°

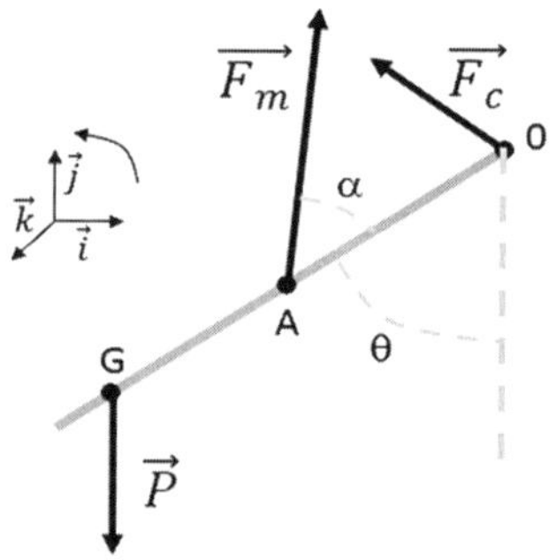

Figure 2. Représentation schématique des forces qui agissent sur le système jambe

EXERCICE 1.5. FORCE MUSCULAIRE À L'ARTICULATION DE L'ÉPAULE LORS D'UNE CROIX DE FER AUX ANNEAUX

On veut déterminer la force musculaire $\vec{F_m}$ et la force de contact osseuse $\vec{F_C}$ agissant à l'articulation de l'épaule lorsqu'un gymnaste réalise une croix de fer aux anneaux (Figure 1).

1. En considérant la position du sujet, calculer les forces exercées au niveau des anneaux
2. En considérant l'articulation de l'épaule (Figure 1) :
   a. Calculer les forces $\vec{F_m}$ et $\vec{F_C}$
   b. Comparer ces forces à la masse du sujet.

Données numériques : Masse du sujet m = 70 kg, masse du système bras avant-bras m_B = 4 kg, la distance horizontale $GA = GB$ = 0,93 m, l'orientation des forces $\vec{F_A}$ et $\vec{F_B}$ par rapport à l'axe horizontal est de α = 30°, la distance entre le centre articulaire de l'épaule (point O) et le point d'application de la force $\vec{F_m}$ est OD = 9 cm, la distance entre O et le point d'application du poids du système bras avant-bras est OC = 30 cm, la distance entre O et la force $\vec{F_A}$ est OA = 65 cm, l'orientation de $\vec{F_m}$ par rapport à l'axe horizontal est θ = 50°, g = 9,81 $m.s^{-2}$

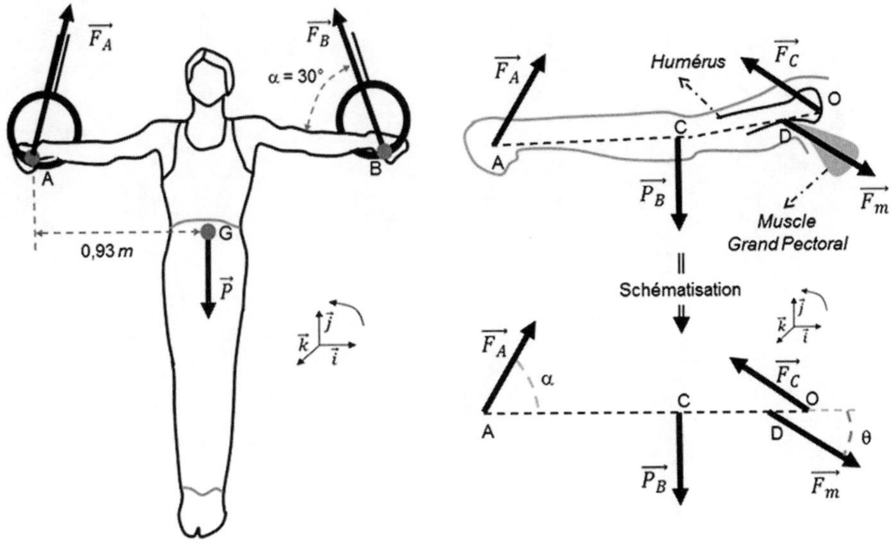

Pour la schématisation nous supposons que le système est horizontal. $\vec{F_A}$ et $\vec{F_B}$ représentent les forces de réaction au niveau des anneaux, $\vec{P}$ poids du gymnaste, $\vec{F_m}$ force musculaire exercée par le muscle grand pectoral, $\vec{F_c}$ force de contact osseuse à l'articulation de l'épaule et $\vec{P_B}$ poids du système bras avant-bras

Figure 1 : Gymnaste réalisant une croix de fer aux anneaux (à gauche) et représentation des forces externes s'exerçant sur le système bras avant-bras (à droite).

CHAPITRE 2

CLASSIFICATION DES ACTIONS MUSCULAIRES, APPROCHE DES PROPRIÉTÉS MÉCANIQUES DU MUSCLE

Le muscle n'est pas un générateur parfait de tension ; en fonction des conditions de sollicitations (vitesse, longueur), sa capacité à produire une force va varier. Nous distinguons donc différents modes d'actions ou de contractions musculaires.

1 Modes d'actions musculaires

Les différents modes d'actions musculaires sont définis à partir du comportement que l'on peut observer sur un muscle isolé. Chez l'homme, ces modes sont déterminés sur une articulation en considérant un groupe musculaire actif. Ce dernier est défini comme groupe musculaire agoniste (celui qui réalise l'action). Nous verrons qu'un groupe musculaire agoniste n'est que très rarement sollicité seul. En effet, le groupe musculaire antagoniste (qui s'oppose à l'action), est généralement sollicité simultanément.

Mode d'action isométrique

Le muscle développe une force sans modification de sa longueur. Pour un muscle isolé actif (l'activation du muscle étant obtenue par stimulation électrique), la tension musculaire qu'il va développer permet de maintenir une charge sans déplacement de celle-ci. Dans ces conditions la force musculaire (F_m) sera égale au poids de la charge (P), et la longueur du muscle (l_o) est constante (fig. 2-1). Le muscle est sollicité dans des conditions statiques, nous avons :

$$\sum \vec{F}_{ext} = \vec{0}$$

$$\vec{F}_m + \vec{P} = \vec{0}$$

$$F_m - P = 0$$

$$F_m = P$$

Et l_o = constante

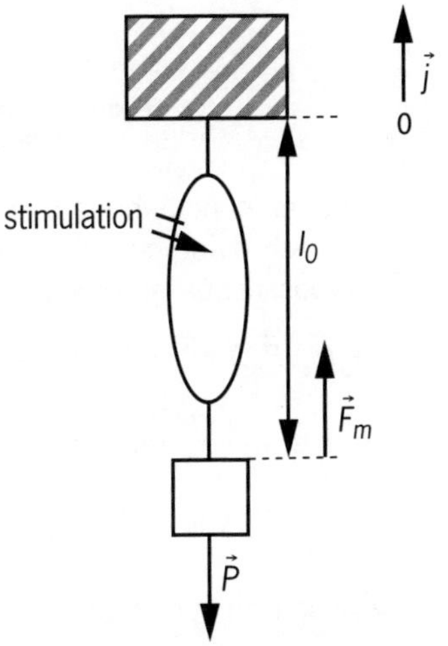

Figure 2-1. Représentation schématique d'un muscle isolé sollicité dans des conditions isométriques (l_o = constante)

Chez l'homme, le groupe musculaire est sollicité dans des conditions isométriques dès lors que le sujet maintient une charge dans une position donnée (l'angle articulaire θ est constant). Par exemple lorsqu'un sujet maintient une charge dans la main, les muscles fléchisseurs du coude sont sollicités dans des conditions isométriques (fig. 2-2).

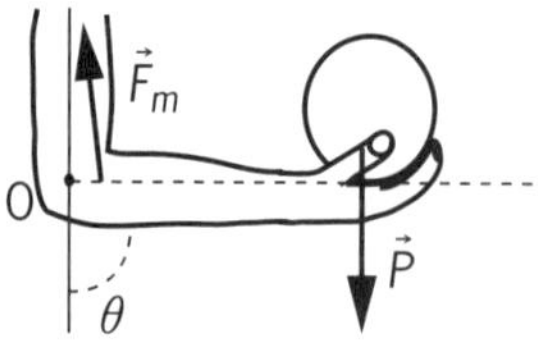

$\vec{P}$ correspond au poids de la charge plus l'avant-bras, $\vec{F}_m$ correspond à la force des muscles fléchisseurs du coude.

Figure 2-2. Maintien d'une charge dans la main dans une position statique

Les distances insertions à insertions des muscles actifs ainsi que l'angle articulaire sont constants. Le moment musculaire engendré à l'articulation du coude est égal au moment engendré par le poids de la charge (dans notre exemple, le poids de la charge englobe le poids de l'avant-bras).

Le système avant-bras est sollicité dans des conditions statiques, nous avons :

$$\sum \vec{M}_O(\vec{F}_{ext}) = \vec{0} \Rightarrow \vec{M}_O(\vec{F}_m) + \vec{M}_O(\vec{P}) = \vec{0} \Rightarrow M_O(\vec{F}_m) = M_O(\vec{P})$$

et : θ = constant

Notons que l'égalité entre le moment musculaire et le moment engendré par le poids de la charge ne signifie pas que la force musculaire est égale au poids de la charge. Le moment d'une force étant égal au produit de la force par le bras de levier (cf. chap. 1), dans notre exemple, le bras de levier du poids de la charge est supérieur au bras de levier de la force musculaire, la force musculaire sera donc supérieure au poids de la charge.

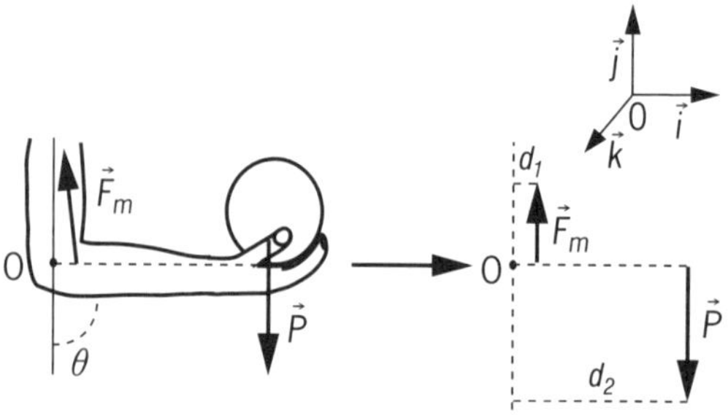

Figure 2-3. Schématisation des forces agissant à l'articulation du coude lors du maintien d'une charge dans des conditions statiques

En effet, si nous nous référons à la figure 2-3, qui représente une schématisation du maintien d'une charge dans une position statique pour l'articulation du coude, et en supposant que les forces agissant sur l'avant sont perpendiculaires à celui-ci, nous avons :

$$\sum \vec{M}_O(\vec{F}_{ext}) = \vec{0} \Rightarrow \vec{M}_O(\vec{F}_m) + \vec{M}_O(\vec{P}) = \vec{0} \Rightarrow \left\{\vec{k} : M_O(\vec{F}_m) - M_O(\vec{P}) = \vec{0}\right\}$$

Si d_1 et d_2 sont respectivement les bras de levier des forces $\vec{F}_m$ et $\vec{P}$ alors on a :

$$F_m.d_1 = P.d_2 \Rightarrow F_m = P.\frac{d_2}{d_1}$$

Application numérique :

Données $d_2 = 35$ cm ; $d_1 = 5$ cm ; $P = 50\ N$

$M_O(\vec{P}) = M_O(\vec{F}) = 17{,}5\ Nm$ $F_m = 350\ N$

Dans cet exemple, bien que le moment musculaire soit égal au moment engendré par le poids de la charge, la force musculaire est bien supérieure au poids de la charge.

Modes d'action anisométrique

Le muscle va développer une certaine force et la longueur musculaire va varier. On distingue donc deux modes d'actions musculaires. Soit le muscle se raccourcit, nous parlerons alors de mode d'action concentrique, soit il s'allonge et nous parlerons dans ce cas de mode d'action excentrique.

Mode d'action concentrique

La force développée par le muscle permet de déplacer la charge à une certaine vitesse. Le muscle se raccourcit (les insertions du muscle se rapprochent l'une de l'autre). La force développée est supérieure au poids de la charge, la vitesse de déplacement de la charge est positive (fig. 2-4).

Le muscle est sollicité dans des conditions dynamiques, nous avons :

$$\sum \vec{F}_{ext} = m\vec{a} \Rightarrow \vec{F}_m + \vec{P} = m\vec{a}$$

Suivant $\vec{j}$ nous avons :

$$F_m - P = ma \Rightarrow F_m = m(a + g)$$

Le raccourcissement musculaire est : $l_o - l = \Delta l$

La vitesse moyenne de ce raccourcissement est : $\overline{v} = \dfrac{\Delta l}{\Delta t}$ où Δt correspond au temps mis par le muscle pour se raccourcir.

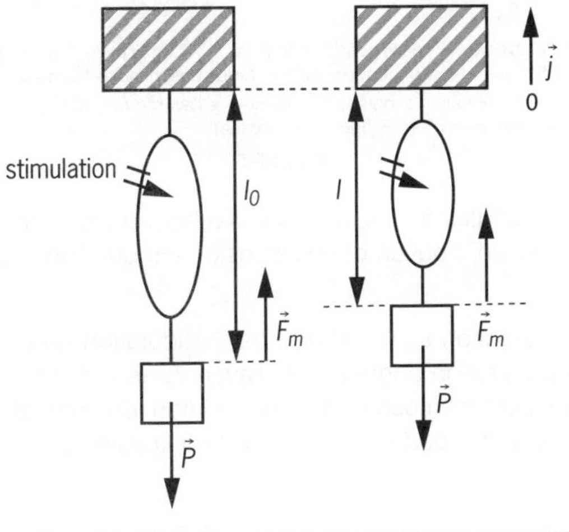

Figure 2-4. Représentation schématique d'un muscle isolé sollicité dans des conditions concentriques

Chez l'homme, le groupe musculaire sollicité déplace la charge en se raccourcissant, le moment musculaire est supérieur au moment engendré par le poids de la charge et la vitesse angulaire du mouvement est positive. Si nous considérons l'articulation du coude représentée à la figure 2-5, le sujet déplace une charge placée dans la main de la position θ_1 à la position θ_2. Ce mouvement de flexion du coude est réalisé par la contraction des muscles fléchisseurs (la force développée par ces muscles correspond à la force $\vec{F}_m$). Nous sommes dans des conditions dynamiques nous avons :

$$\sum \vec{M}_O(\vec{F}_{ext}) = I\vec{\ddot{\theta}} = \vec{M}_O(\vec{P}) + \vec{M}_O\vec{F}_m$$

où : I correspond à l'inertie de l'avant-bras

$\ddot{\theta}$: correspond à l'accélération angulaire de l'avant-bras.

Suivant $\vec{k}$ nous avons :

$$M_O(\vec{F}_m) - M_O(\vec{P}) = I\ddot{\theta} \Rightarrow M_O(\vec{F}_m) = I\ddot{\theta} + M_O(\vec{P})$$

Dans ces conditions, le moment musculaire est supérieur au moment du poids de la charge.

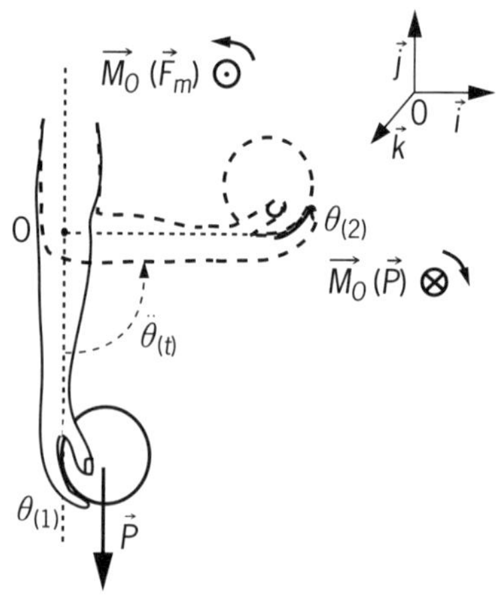

Déplacement d'un poids ($\vec{P}$) de la position angulaire $\theta_{(1)}$ (en trait plein) à la position angulaire $\theta_{(2)}$ (en pointillés) lors d'une contraction concentrique des muscles fléchisseurs du coude. $\ddot{\theta}_{(t)}$ représente l'accélération angulaire instantanée de l'avant-bras. $\vec{M}_o(\vec{F}_m)$ correspond au moment de la force musculaire F_m (non représentée).

Figure 2-5

Lors d'un mouvement de flexion, les muscles fléchisseurs travaillent en concentrique, il en est de même pour un mouvement d'extension lorsque l'on considère les muscles extenseurs.

À partir d'une représentation schématique de l'articulation du coude (fig. 2-6) et en considérant que l'accélération angulaire de l'avant-bras est constante, nous pouvons décrire l'évolution du moment musculaire et du moment du poids de la charge au cours du mouvement de flexion du coude réalisé par une contraction concentrique des muscles fléchisseurs.

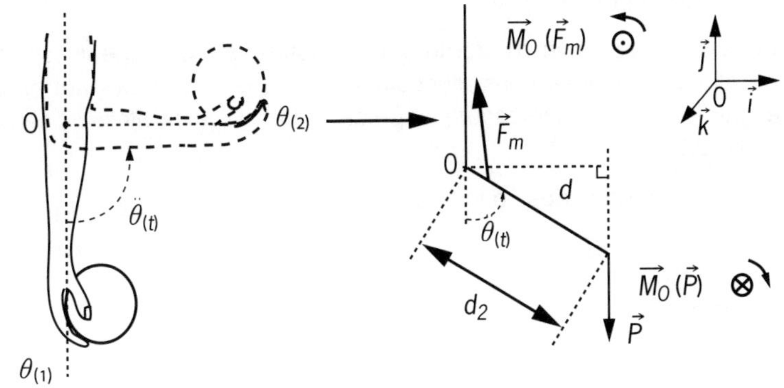

Schématisation de l'articulation du coude où : $\theta_{(t)}$ correspond à la position angulaire à un instant *t*, *d* correspond au bras de levier de $\vec{P}$ à l'instant *t* et d_2 est la distance entre le centre de l'articulation *O* et le point d'application de $\vec{P}$.

Figure 2-6

Nous sommes dans des conditions dynamiques nous avons :

$$\sum \vec{M}_O(\vec{F}_{ext}) = I\vec{\ddot{\theta}} = \vec{M}_O(\vec{P}) + \vec{M}_O(\vec{F}_m)$$

où *I* correspond à l'inertie de l'avant-bras. Ici, l'inertie sera égale à la masse de la charge (*m*) par le rayon de giration (d_2) élevé au carré ($I = m.d_2^2$).

$\ddot{\theta}$ correspond à l'accélération angulaire de l'avant-bras, dans notre exemple, $\ddot{\theta}$ est constante.

Suivant $\vec{k}$ nous avons :

$$M_O(\vec{F}_m) - M_O(\vec{P}) = I\ddot{\theta} \Rightarrow M_O(\vec{F}_m) = I\ddot{\theta} + M_O(\vec{P})$$

Le moment du poids de la charge correspond par définition au produit du bras de levier (*d*) par le poids *P*. Dans notre exemple, pour une position angulaire donnée, *d* est défini par :

$$d = d_2.\sin\theta$$

Au cours du mouvement, le bras de levier va varier en fonction de l'évolution de l'angle θ. Nous avons donc :

$$d_{(t)} = d_2.\sin\theta_{(t)} \text{ et } M_O(\vec{P})_{(t)} = P.d_2.\sin\theta_{(t)}$$

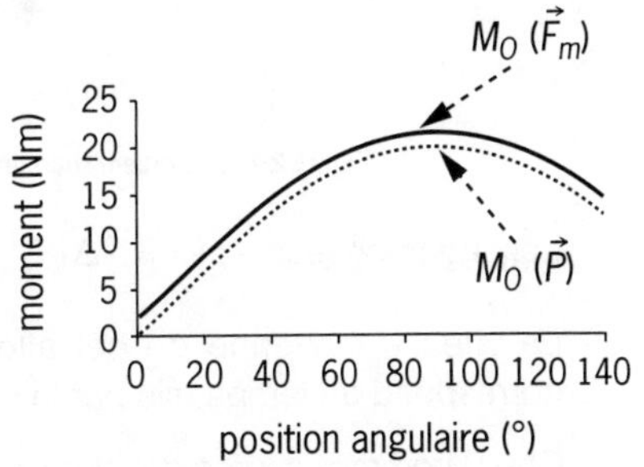

Évolution du moment musculaire ($M_O(\vec{F}_m)$) et du moment du poids de la charge ($M_O(\vec{P})$) en fonction de l'angle articulaire au cours d'un mouvement de flexion du coude en mode d'action concentrique ($M_O(\vec{F}_m) > M_O(\vec{P})$).

Figure 2-7

Le moment de la force musculaire est défini par :

$$M_O(\vec{F}_m)_{(t)} = m.d_2^2.\ddot{\theta} + P.d_2.\sin\theta_{(t)} = m.d_2.(d_2\ddot{\theta} + g.\sin\theta_{(t)})$$

où *g* correspond à l'accélération de la gravité terrestre, et *m* à la masse de la charge.

Application numérique :

avec m = 2 kg, d_2 = 0,35 *m*, $\ddot{\theta}$ = 2 $rad.s^{-2}$, g = 9,81 $m.s^{-2}$, la plage angulaire du mouvement est de 140° (0° correspond à l'extension complète du coude). La figure 2-7 donne, au cours du mouvement, l'évolution du moment musculaire et du moment du poids en fonction de l'angle articulaire.

Mode d'action excentrique

Le poids de la charge permet d'étirer le muscle actif à une certaine vitesse (fig. 28). Le muscle s'allonge (les insertions musculaires s'écartent l'une de l'autre). La force développée par le muscle est inférieure au poids de la charge, la vitesse d'étirement du muscle est négative.

Le muscle est sollicité dans des conditions dynamiques, nous avons :

$$\sum \vec{F}_{ext} = m\vec{a} \Rightarrow \vec{F}_m + \vec{P} = m\vec{a}$$

Suivant $\vec{j}$ nous avons :

$$F_m - P = -ma \Rightarrow F_m = m(g - a)$$

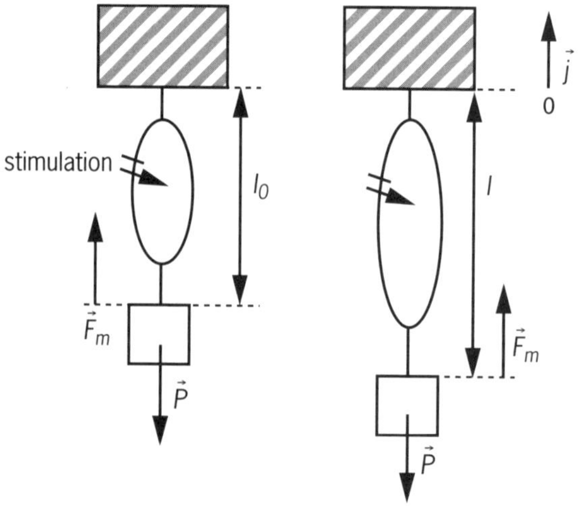

Figure 2-8. Représentation du comportement du muscle lors d'une action excentrique

L'allongement est : $l_o - l = -\Delta l$

La vitesse moyenne de cet allongement raccourcissement est : $\bar{v} = \frac{-\Delta l}{\Delta t}$ où Δt correspond au temps mis par le muscle pour s'allonger.

Chez l'homme, la force développée par le groupe musculaire ne permet pas de déplacer la charge, mais c'est le moment engendré par le poids de la charge qui va induire le mouvement en étirant le groupe musculaire sollicité. Dans ce cas, l'individu résiste au poids de la charge. Le moment musculaire est inférieur au moment engendré par le poids de la charge, la vitesse angulaire est négative. Si nous considérons l'articulation du coude représentée à la figure 2-9, le sujet résiste à une charge placée dans la main de la position $\theta_{(1)}$ à la position $\theta_{(2)}$. Ce mouvement d'extension du coude est réalisé par la contraction des muscles fléchisseurs (la force développée par ces muscles correspond à la force $\vec{F}_m$). Nous sommes dans des conditions dynamiques, nous avons :

$$\sum \vec{M}_O(\vec{F}_{ext}) = I\vec{\ddot{\theta}} = \vec{M}_O(\vec{P}) + \vec{M}_O\vec{F}_m$$

Suivant $\vec{k}$ nous avons :

$$M_O(\vec{F}_m) - M_O(\vec{P}) = -I\ddot{\theta} \Rightarrow M_O(\vec{F}_m) = M_O(\vec{P}) - I\ddot{\theta}$$

Dans ces conditions, le moment musculaire est inférieur au moment du poids de la charge.

Lors d'un mouvement d'extension, les muscles fléchisseurs sont sollicités en excentrique, lors d'un mouvement de flexion, ce sont les extenseurs qui sont sollicités en excentrique.

Tout comme nous l'avons fait pour le mode d'action concentrique, nous pouvons décrire l'évolution du moment musculaire et du moment du poids de la charge au cours du mouvement d'extension du coude réalisé par une contraction excentrique des muscles fléchisseurs (nous utiliserons le modèle décrit à la figure 2-6).

Nous sommes dans des conditions dynamiques nous avons :

$$\sum \vec{M}_O(\vec{F}_{ext}) = \vec{I\ddot{\theta}} = \vec{M}_O(\vec{P}) + \vec{M}_O(\vec{F}_m)$$

Suivant $\vec{k}$ nous avons :

$$M_O(\vec{F}_m) - M_O(\vec{P}) = -I\ddot{\theta} \Rightarrow M_O(\vec{F}_m) = M_O(\vec{P}) - I\ddot{\theta}$$

Le moment du poids de la charge correspond par définition au produit du bras de levier (d) par le poids P. Dans notre exemple, pour une position angulaire donnée, d est défini par :

$$d = d_2.\sin\theta$$

Au cours du mouvement, le bras de levier va varier en fonction de l'évolution de l'angle θ. Nous avons donc :

$$d_{(t)} = d_2.\sin\theta_{(t)} \text{ et } M_O(\vec{P})_{(t)} = P.d_2.\sin\theta_{(t)}$$

Le moment de la force musculaire est défini par :

$$M_O(\vec{F}_m)_{(t)} = -m.d_2^{\ 2}.\ddot{\theta} + P.d_2.\sin\theta_{(t)} = m.d_2.(-d_2\ddot{\theta} + g.\sin\theta_{(t)})$$

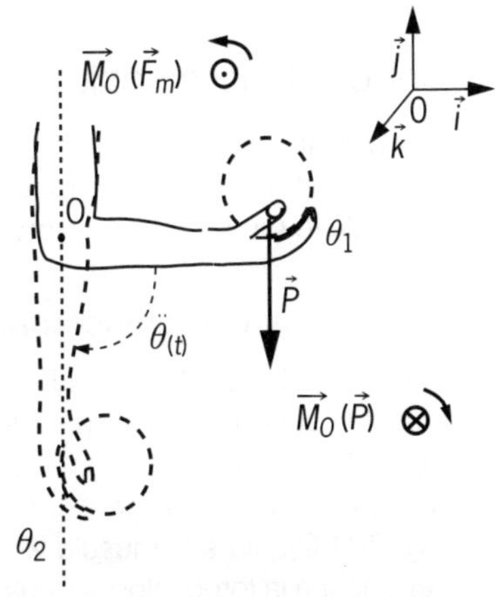

Mouvement d'extension du coude par une contraction excentrique des muscles fléchisseurs de la position angulaire $\theta_{(1)}$ à la position angulaire $\theta_{(2)}$. Sous l'effet du poids $\vec{P}$, les muscles vont résister à l'extension du coude. $\ddot{\theta}_{(t)}$ représente l'accélération angulaire instantanée de l'avant-bras. $\vec{M}_o(\vec{F}_m)$ correspond au moment de la force musculaire F_m (non représentée).

Figure 2-9

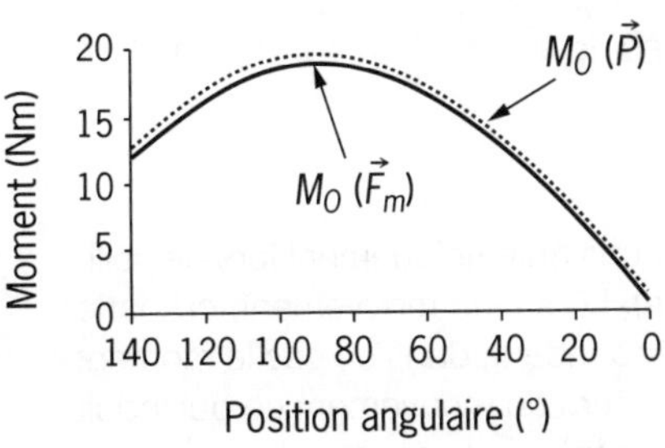

Évolution du moment musculaire ($\vec{M}_o(\vec{F}_m)$) et du moment du poids de la charge ($M_O(\vec{P})$) en fonction de l'angle articulaire au cours d'un mouvement d'extension du coude en mode d'action excentrique ($M_O(\vec{F}_m) < M_O(\vec{P})$).

Figure 2-10

Application numérique :

avec m = 2 kg, d_2 = 0,35 m, $\ddot{\theta}$ = 2 $rad.s^{-2}$, g = 9,81 $m.s^{-2}$, la plage angulaire du mouvement est de 140° (0° correspond à l'extension complète du coude). La figure 2-10 donne, au cours du mouvement, l'évolution du moment musculaire et du moment du poids en fonction de l'angle articulaire.

Remarque : Contrairement aux modes d'action isométrique et concentrique, le mode d'action excentrique est considéré comme un mode d'action involontaire. En effet, dès lors qu'un muscle est sollicité, il développe une force en se raccourcissant. Aussi, l'étirement actif du muscle ne peut être obtenu que lorsque la force externe appliquée est supérieure à la force musculaire.

Mode d'action pliométrique

Ce mode d'action particulier est la combinaison successive d'une contraction excentrique et concentrique. Cette combinaison permet d'améliorer l'efficacité de la contraction concentrique en comparaison à une contraction concentrique seule. En effet, l'étirement actif du muscle permet, entre autres, d'emmagasiner de l'énergie élastique qui sera restituée lors de la phase concentrique. Ce mode de sollicitation est largement utilisé dans les actions motrices courantes telles que la marche, la course ou encore les sauts.

Sollicitations isotonique et isocinétique

Ces sollicitations particulières, que l'on retrouve rarement dans des conditions naturelles, permettent d'étudier les capacités de production de force (muscle isolé) et de moment musculaire (chez l'homme) lors d'actions dynamiques.

Fonctionnement isotonique

Ce mode de fonctionnement signifie que la tension musculaire développée par le muscle est constante. Expérimentalement (fig. 2-11), on stimule le muscle en isométrie (fig. 2-11 B), puis on applique une charge au muscle (le muscle étant toujours stimulé). Si le poids de la charge est inférieur à la force isométrique développée par le muscle (fig. 2-11 C), alors le muscle va se raccourcir. Inversement, si le poids de la charge est supérieur à la force, alors le muscle va s'allonger. Lors de cette expérience, on enregistre la variation de longueur du muscle. On note que, quelle que soit la charge appliquée, la vitesse d'allongement ou de raccourcissement du muscle est constante. Dans ces conditions, l'accélération est nulle et à tout instant du déplacement la force développée par le muscle est constante et égale au poids de la charge.

Nous avons :

$$\sum \vec{F}_{ext} = m\vec{a}$$

L'accélération étant nulle nous avons :

$$\sum \vec{F}_{ext} = \vec{0} \Rightarrow \vec{F}_m = \vec{P}$$

La vitesse du déplacement est constante et elle est égale à :

$$v = \frac{\Delta_l}{\Delta_t}$$

Remarque : Chez l'homme, la tension musculaire est constante uniquement lors de sollicitations isométriques (cas du maintien d'une charge). Lors d'un mouvement, on parle souvent d'isotonie lorsque la charge est constante. Cependant, dans ce cas le moment associé au poids de la charge n'est pas constant au cours du mouvement ce qui induit une variation du moment musculaire nécessaire pour déplacer la charge.

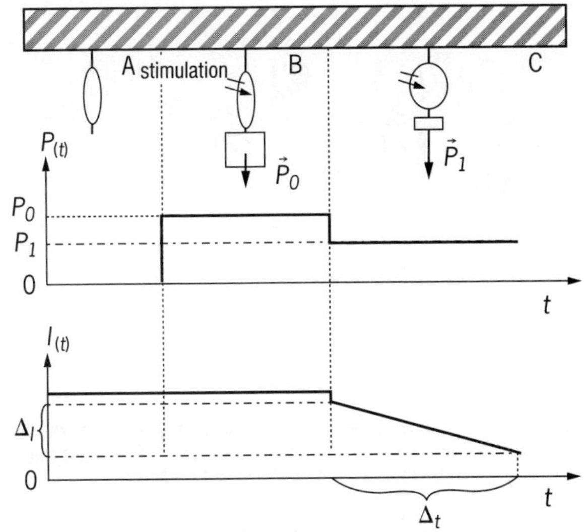

A : Muscle au repos. B : Sous l'effet de la stimulation, le muscle développe une force isométrique P_0, la longueur du muscle est constante. C : On applique au muscle une charge P_1 ($P_1 < P_0$), le muscle se raccourcit à une vitesse constante. Le tracé du milieu représente l'évolution de la force en fonction du temps. Le tracé du bas représente l'évolution de la longueur du muscle en fonction du temps.

Figure 2-11. Sollicitation d'un muscle dans des conditions isotoniques (tension musculaire constante)

Fonctionnement isocinétique

Ce mode de sollicitation signifie que pour une articulation donnée, la vitesse angulaire du mouvement est constante. Cette condition est obtenue par l'utilisation d'ergomètre spécifique dont le principe repose sur la modélisation d'un mouvement monoarticulaire en un système d'axe et de bras de levier asservi. Aussi, si la vitesse angulaire du mouvement est constante (accélération angulaire nulle), alors, au cours du mouvement la somme des moments agissant à l'articulation est nulle (fig. 2-12).

L'articulation est sollicitée dans des conditions dynamiques, nous avons :

$$\sum \vec{M}_O(\vec{F}_{ext}) = \vec{I}\ddot{\theta}$$

Si $\dot{\theta}_{(t)} = C^{te} \Rightarrow \ddot{\theta}_{(t)} = \dot{0}$

Alors : $\sum \vec{M}_O(\vec{F}_{ext}) = \vec{0} \Rightarrow \vec{M}_O(\vec{F}_m) + \vec{M}_O(\vec{E}) + \vec{M}_O(\vec{P}) = \vec{0}$

Avec $\vec{M}_O(\vec{F}_m)$ = moment musculaire agissant à l'articulation

$\vec{M}_O(\vec{E})$ = moment engendré par l'ergomètre

$\vec{M}_O(\vec{P})$ = moment du poids du segment considéré.

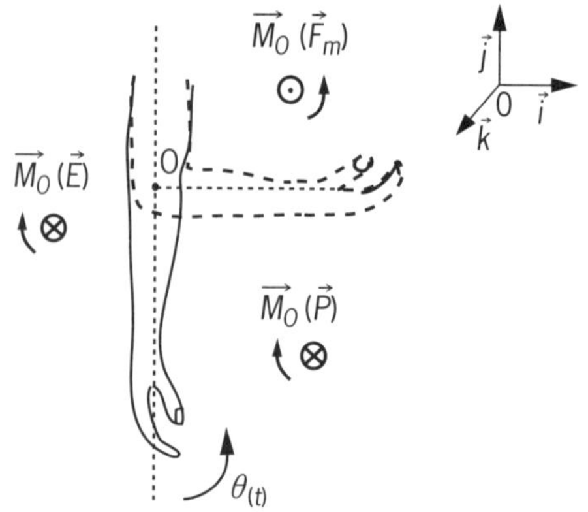

Figure 2-12. Représentation schématique des moments agissant à l'articulation du coude lors d'un mouvement de flexion concentrique réalisé dans des conditions isocinétiques (vitesse angulaire constante)

En considérant la figure 2-12 qui représente les moments agissant à l'articulation du coude lors d'un mouvement de flexion concentrique, nous avons :

$$\sum \vec{M}_O(\vec{F}_{ext}) = \vec{0} \Rightarrow \vec{M}_O(\vec{F}_m) + \vec{M}_O(\vec{E}) + \vec{M}_O(\vec{P}) = \vec{0}$$

Suivant $\vec{k}$: $M_O(\vec{F}_m) - M_O(\vec{E}) - M_O(\vec{P}) = 0 \Rightarrow M_O(\vec{F}_m) = M_O(\vec{E}) + M_O(\vec{P})$

L'utilisation d'ergomètre isocinétique permet d'enregistrer à tout instant du mouvement le moment musculaire engendré à l'articulation. C'est généralement à partir des conditions isocinétiques que sont étudiées les capacités de production de moment musculaire.

Remarque :
Une vitesse angulaire constante ne signifie pas que la vitesse de raccourcissement ou d'allongement des muscles sollicités est constante. En effet, si l'on se réfère à une modélisation de l'articulation du coude (Pertuzon 1972), nous pouvons montrer qu'en dépit d'une vitesse angulaire constante ($\dot{\theta}$) la vitesse du muscle (v) va varier en fonction de l'angle articulaire.

avec L = longueur du muscle équivalent
a = distance entre le centre articulaire et l'insertion du muscle sur l'avant-bras (a = 0,18 d, d distance entre l'axe épicondyle-épitrochlée et l'apophyse styloïde radiale)
b = distance entre le centre articulaire et l'insertion du muscle sur le bras (b = 1,17 d)

Figure 2-13. Modélisation de l'articulation du coude (Pertuzon 1972)

La longueur du muscle équivalent (représentant l'action de l'ensemble des fléchisseurs du coude, et ayant la dimension du muscle biceps brachial) est définie par :

$$L = \sqrt{a^2 + b^2 + 2ab\cos\theta}$$

La vitesse v d'allongement ou de raccourcissement du muscle correspond à la dérivée de la longueur du muscle en fonction du temps. Nous avons donc :

$$v = \frac{dL}{dt} = \frac{dL}{d\theta} \cdot \frac{d\theta}{dt} = \frac{dL}{dt} \cdot \dot{\theta}$$

La vitesse est donc définie par :

$$v = \frac{ab\sin\theta}{L}\dot{\theta}$$

avec L = longueur du muscle équivalent

Pour une distance *d* de 30 cm, nous pouvons décrire l'évolution de la vitesse de raccourcissement du muscle (mm/s), pour des vitesses angulaires constantes de 60°/s et 120°/s (fig. 2-14).

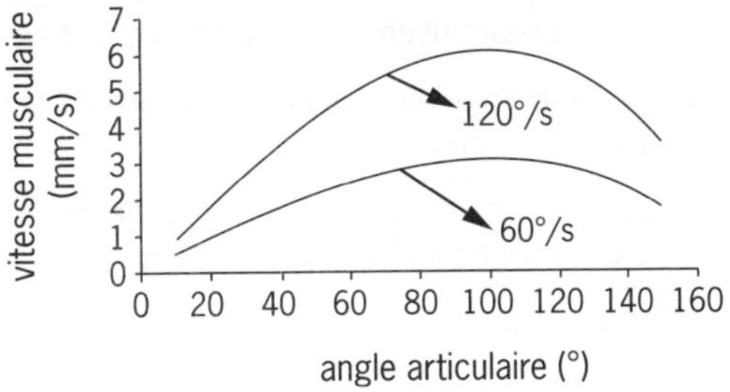

Figure 2-14. Évolution de la vitesse musculaire en fonction de l'angle articulaire du coude pour deux vitesses angulaires constantes

Identification des modes d'actions musculaires

Le muscle peut être sollicité suivant différents modes d'actions musculaires. Aussi, au cours d'un mouvement plus ou moins complexe, l'analyse seule de la position angulaire ou de la vitesse angulaire des différentes articulations sollicitées ne permet pas d'identifier les groupes musculaires actifs ainsi que leur mode de sollicitation. Cette identification nécessite d'associer à la vitesse angulaire ou à la position angulaire le moment produit à l'articulation. C'est à partir du moment produit à l'articulation que l'on identifie le groupe musculaire actif. Lorsque le moment articulaire est un moment d'extension, ce sont les muscles extenseurs qui sont sollicités. Inversement, si le moment est un moment de flexion, alors ce sont les muscles fléchisseurs qui sont sollicités. Pour définir le mode d'action musculaire, on compare le moment articulaire de flexion ou d'extension au mouvement réalisé de flexion ou d'extension. Si le moment articulaire et le mouvement sont de même sens, le mode d'action musculaire est concentrique. Si au contraire le moment est de sens opposé au mouvement, le mode d'action musculaire est excentrique. C'est à partir de cette analyse que l'on peut montrer qu'un mouvement simple de flexion par exemple fait intervenir tour à tour l'action des muscles fléchisseurs et extenseurs suivant des contractions concentrique et excentrique.

Exemple d'analyse :
On enregistre au cours de mouvement de flexion et d'extension du genou, le moment musculaire et la vitesse angulaire (fig. 2-15). À partir de ces enregistrements, nous pouvons identifier les groupes musculaires actifs, ainsi que leur mode d'action.

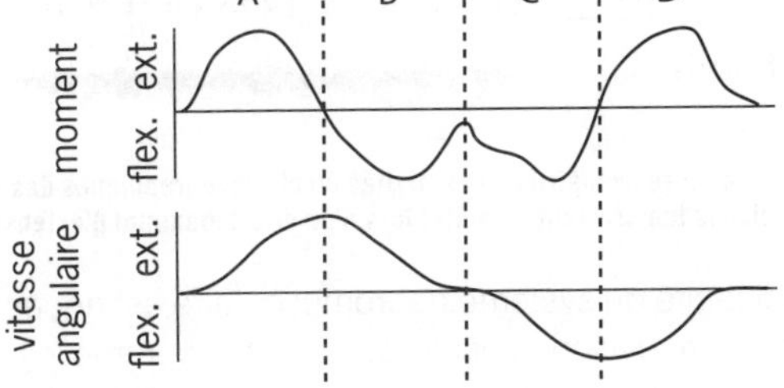

Figure 2-15. Moment et vitesse angulaire obtenus au cours d'un moment d'extension et de flexion du genou

Phase A, le moment et la vitesse angulaire sont dans le sens de l'extension. Les muscles extenseurs du genou (quadriceps) travaillent en concentrique.

Phase B, le moment est dans le sens de la flexion et la vitesse angulaire dans le sens de l'extension. Les muscles fléchisseurs (ischio-jambier) travaillent en excentrique.

Phase C, le moment et la vitesse angulaire sont dans le sens de la flexion. Les muscles fléchisseurs travaillent en concentrique.

Phase D, le moment est dans le sens de l'extension, et la vitesse angulaire dans le sens de la flexion. Les muscles extenseurs travaillent en excentrique.

Le mouvement réalisé lors des phases A et B est un mouvement d'extension du genou, alors que pour les phases C et D, le mouvement est un mouvement de flexion du genou. Quel que soit le mouvement, on observe d'abord une action concentrique qui permet d'initier le mouvement et d'accélérer la jambe puis une action excentrique qui permet de freiner la jambe et d'arrêter le mouvement. Les phases B et C pourraient correspondre à une sollicitation pliométrique des fléchisseurs du genou. En effet, pour ces muscles, nous avons la succession rapide d'une sollicitation excentrique suivie d'une action concentrique.

Notion de moment net à une articulation

Lors d'un geste sportif mais aussi lors d'un mouvement de la vie courante, le moment produit à une articulation ne peut que très rarement être imputable aux muscles agonistes seuls (muscles qui produisent le mouvement). En effet, on note souvent une activité simultanée des muscles antagonistes (qui s'opposent au mouvement). Ce phénomène d'actions simultanées des muscles agonistes et antagonistes que l'on nomme coactivation peut être mis en évidence par l'enregistrement de l'activité électromyographique de ces muscles (fig. 2-16).

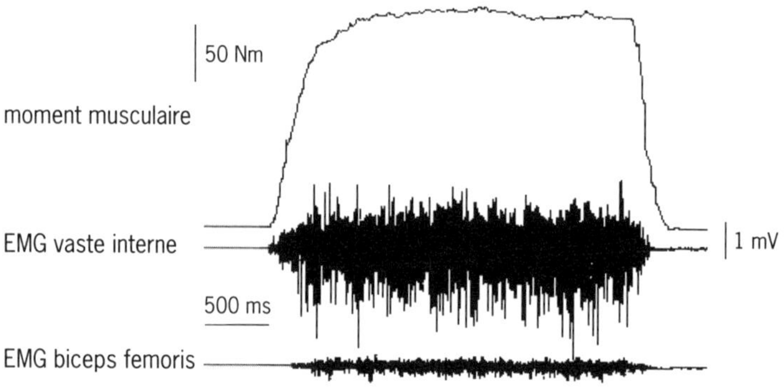

Figure 2-16. Moment musculaire isométrique et activités électromyographiques des muscles vaste interne (agoniste) et biceps femoris (antagoniste) lors d'un effort maximal d'extension du genou

Cette apparente inefficacité du système neuromusculaire est nécessaire pour préserver l'intégrité physique de l'articulation considérée. En effet, comme le montre la figure (2-17) si un groupe musculaire seul est actif, on va avoir au niveau de l'articulation une répartition non-homogène des pressions articulaires avec une zone de surpression du côté ou les muscles sont actifs et une zone de dépression à l'opposé (fig. 2-17A). Une contraction faible des muscles antagonistes permet de rééquilibrer les pressions et contraintes intra-articulaires (fig. 2-17B). La conséquence de cette coactivation est que le moment que l'on peut enregistrer à la périphérie du système ne reflète pas uniquement l'action des muscles agonistes. On enregistre en réalité le moment net.

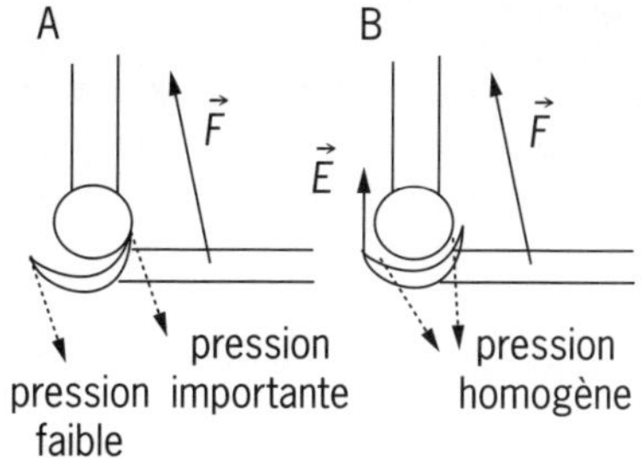

$\vec{F}$ correspond à l'action des muscles agonistes,
$\vec{E}$ représente l'action des muscles antagonistes.

Figure 2-17. Représentation schématique du comportement d'une articulation sans (A) et avec (B) une cocontraction

La figure 2-18 représente un sujet qui maintient une charge dans la main. Nous sommes dans des conditions statiques, au niveau de l'articulation, nous avons :

$$\sum \vec{M}_O(\vec{F}_{ext}) = \vec{0} = \vec{M}_O(\vec{F}) + \vec{M}_O(\vec{E}) + \vec{M}_O(\vec{P}) \Rightarrow \left\{\vec{k} : M_O(\vec{F}) - M_O(\vec{E}) - M_O(\vec{P}) = 0\right\}$$

Avec : $M_O(\vec{F})$: Moment des muscles fléchisseurs (muscles agonistes)

$M_O(\vec{E})$: Moment des muscles extenseurs (muscles antagonistes)

$M_O(\vec{P})$: Moment du poids de la charge

Le moment que nous pouvons mesurer à la périphérie du système correspond au moment engendré par le poids de la charge. Dans le cas où nous avons une coactivation, ce moment correspond à :

$$M_O(\vec{P}) = M_O(\vec{F}) - M_O(\vec{E}) \Rightarrow M_{net} = M_{ag} - M_{antag}$$

Le moment engendré par le poids de la charge représente le moment net, il correspond au moment engendré par les muscles agonistes moins le moment engendré par les muscles antagonistes. La mesure seule du moment net ne permet pas de déterminer les moments engendrés par les muscles agonistes et antagonistes.

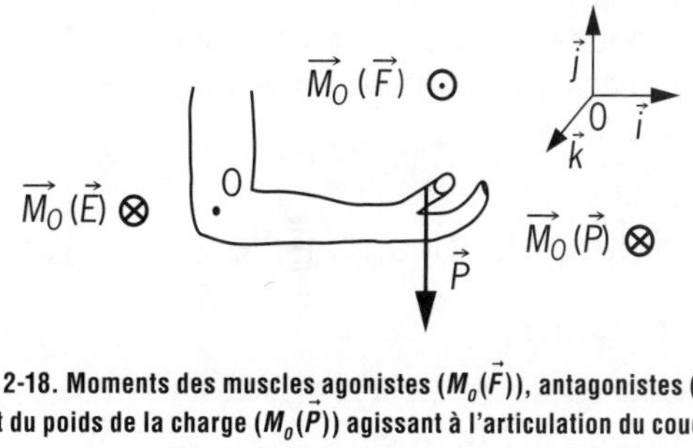

Figure 2-18. Moments des muscles agonistes ($M_0(\vec{F})$), antagonistes ($M_0(\vec{E})$) et du poids de la charge ($M_0(\vec{P})$) agissant à l'articulation du coude lors du maintien d'une charge dans le cas de coactivation

À partir de l'enregistrement de l'activité EMG des muscles agonistes et antagonistes et en supposant que le rapport des activités EMG (EMG des muscles antagonistes/EMG des muscles agonistes) est équivalent au rapport des moments musculaires (Moment des muscles antagonistes/Moment des muscles agonistes), nous pouvons estimer les moments musculaires développés.

Un sujet maintient une charge dans la main (contraction isométrique), l'activité EMG des muscles antagonistes est de 10 % de l'activité EMG des muscles agonistes. Nous avons au niveau de l'articulation la relation suivante.

$$M_{net} = M_{ag} - M_{antag}$$

Le moment des muscles antagonistes peut être exprimé à partir du moment des muscles agonistes.

$$M_{antag} = 0,1.M_{ag}$$

Nous obtenons donc :

$$M_{net} = M_{ag} - 0,1.M_{ag} = M_{ag}.(1-0,1) \Rightarrow M_{ag} = \frac{M_{net}}{1-0,1}$$

Application numérique :

Le moment net mesuré est de 100 *Nm*

$$M_{ag} = \frac{100}{0,9} = 111,11 Nm \qquad M_{antag} = 11,11 Nm$$

Remarque :
Le degré de coactivation va dépendre de l'articulation sollicitée, du statut d'entraînement du sujet ainsi que de la complexité de la tâche à effectuer.

2 Approche élémentaire des propriétés mécaniques

La capacité d'un muscle ou groupe de muscles à produire une force ou un moment musculaire va dépendre de la longueur ou position angulaire et de la vitesse ou vitesse angulaire à laquelle le muscle ou groupe de muscle est sollicité. Nous envisageons dans cette partie tout d'abord, les propriétés mécaniques du muscle isolé, puis celles du muscle sollicité *in situ*.

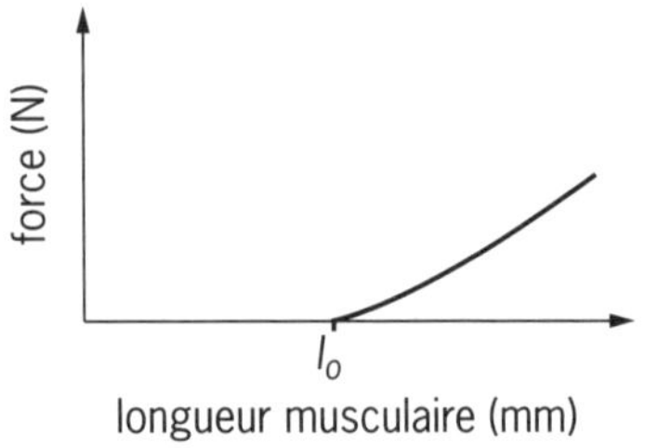

Figure 2-19. Relation force longueur du muscle isolé

Propriétés mécaniques du muscle isolé

Relation force-longueur

La relation force-longueur est décrite pour le muscle au repos (muscle inactif) et pour le muscle actif.

Au repos :
Il s'agit ici d'enregistrer la tension qu'il est nécessaire à appliquer à un muscle au repos pour maintenir ce dernier à une longueur constante. Si l'on enregistre la force pour différentes longueurs musculaires, on obtient une relation qui indique qu'au-delà d'une certaine longueur (l_o) il est nécessaire d'appliquer une force au muscle pour le maintenir à une longueur constante. Au-delà de cette longueur, la force à appliquer augmente avec l'augmentation de la longueur (fig. 2-19).

Pour le muscle actif : Expérimentalement le muscle est stimulé dans des conditions isométriques (sans modification de longueur) et on enregistre la force produite. Si l'on répète, toujours avec la même intensité de stimulation, l'expérience pour différentes longueurs musculaires, on obtiendra une série de couples de points qui associe la longueur à la force produite. La relation force-longueur du muscle actif ainsi obtenue (fig. 2-20) indique que pour de faible longueur musculaire la force augmente avec l'augmentation de la longueur et ce jusqu'à une certaine longueur (l_o).

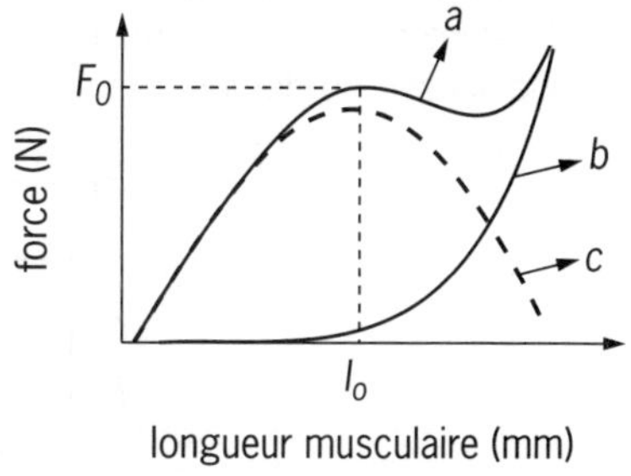

a représente la relation du muscle actif en entier, *b* représente la relation du muscle au repos, *c* représente la relation de la composante contractile du muscle (ponts actine-myosine).

Figure 2-20. Relation force-longueur d'un muscle isolé actif

Au-delà de la longueur l_o la force décroît puis augmente à nouveau avec l'augmentation de la longueur. L'allure générale de cette relation, qui peut être obtenue, quel que soit le muscle considéré, est composite. En effet, si l'on déduit de cette relation la relation force-longueur du muscle au repos (*a*-*b*), on obtient une troisième relation (*c*) qui correspond à la relation force-longueur de la composante contractile (ponts actine-myosine). L'allure de cette relation est expliquée au niveau d'un sarcomère par le taux de recouvrement des filaments actines et de myosines. Globalement, pour de faibles longueurs de sarcomère, les filaments épais de myosine viennent buter contre les lignes Z, la compression de ces filaments limite le nombre et la formation des ponts possibles (fig. 2-21). Quand la longueur du sarcomère augmente le taux de recouvrement des filaments va augmenter jusqu'à un taux de recouvrement optimal permettant la formation d'un maximum de pont (voisinage de l_o). Enfin, si la longueur augmente au-delà de l_o, le taux de recouvrement va diminuer, ce qui diminue le nombre possible de ponts.

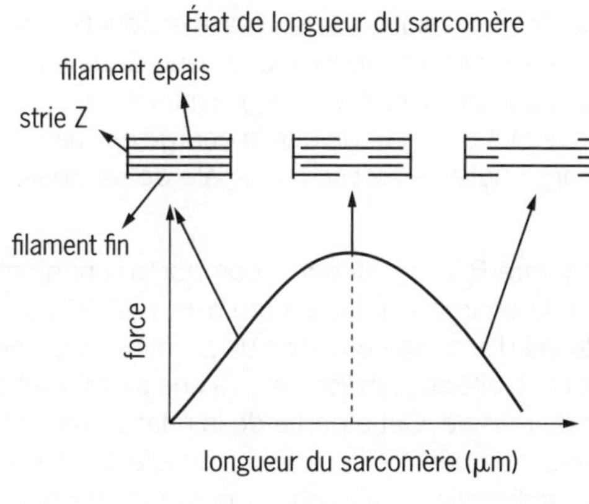

En haut est représenté l'état de longueur du sarcomère (évolution du taux de recouvrement entre les filaments). En bas est donnée la relation force-longueur.

Figure 2-21. Représentation de la relation force longueur du sarcomère.

Relation force-vitesse

La relation force vitesse est généralement obtenue à partir d'enregistrements réalisés dans des conditions isotoniques. Expérimentalement, on stimule le muscle en isométrie puis on lui applique une charge constante. Sous l'effet de cette dernière, le muscle va soit se raccourcir (si la charge est inférieure à la force isométrique) soit s'allonger (si la charge est supérieure à la force isométrique). Au cours de cette expérience on enregistre l'évolution de la longueur du muscle en fonction du temps. Si on réalise l'expérience pour différentes charges, on obtiendra alors une série de points associant la charge déplacée à la vitesse du déplacement (fig. 2-22).

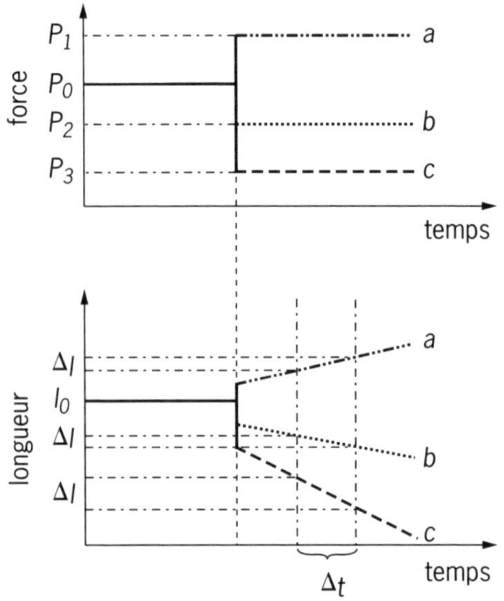

Pour chacune des charges (P_1, P_2, P_3), le muscle est stimulé dans des conditions isométrique (l_o), la force développée est P_0. On applique l'une des charges soit, le muscle se raccourcit (P_2, P_3) soit il s'allonge (P_1). La variation de longueur du muscle est enregistrée (graphique du bas). La vitesse de raccourcissement du muscle correspond au rapport $v = \frac{\Delta l}{\Delta t}$.

Figure 2-22. Enregistrement de la force et de la longueur du muscle lors de sollicitations isotoniques du muscle isolé

La relation ainsi obtenue décrit l'évolution de la vitesse en fonction de la charge appliquée et ce pour un niveau de stimulation du muscle constant. Cette relation indique que pour des charges inférieures à la force isométrique (P_0) le muscle se raccourcit et la vitesse de raccourcissement est d'autant plus grande que la charge est faible. Dans ces conditions on définit pour une charge nulle la vitesse maximale de raccourcissement du muscle (V_0) (fig. 2-23).

La partie de la relation (entre P_0 et V_0) décrit le comportement du muscle lors d'actions concentriques. Lorsque la charge est supérieure à P_0 (au-delà de P_0, cas pour P_1), le muscle s'allonge, la vitesse d'allongement dans un premier temps augmente avec l'augmentation de la charge puis, elle se stabilise jusqu'à une certaine charge qui correspond à la charge de rupture du muscle. Cette partie de la relation décrit le comportement du muscle lors d'actions excentriques. L'efficacité du muscle à produire une force va donc dépendre du mode de sollicitation. La force développée lors d'actions concentriques est inférieure à la force isométrique qui elle-même est inférieure à la force développée lors d'actions excentriques. On peut noter, pour le muscle isolé, que la force maximale excentrique peut être 1,5 fois supérieure à la force isométrique P_0.

L'allure de la relation force-vitesse pour des sollicitations concentriques est décrite par l'équation développée par Hill (1938). Cette relation décrit la dépendance de la vitesse de raccourcissement en fonction de la charge déplacée. Cette relation est définie par :

$$(P+a)(V+b)=(P_0+a)b$$

$$P=\frac{P_0 b-aV}{V+b}$$

où : P est la charge déplacée
P_0 correspond à la charge maximale isométrique
V vitesse de déplacement de la charge
a constante ayant une dimension de force
b constante ayant une dimension de vitesse

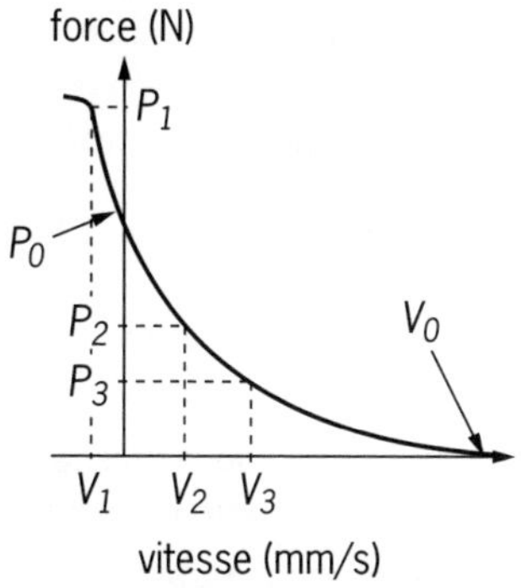

Les valeurs de charge (P_1..) et de vitesse $\left(v=\frac{\Delta l}{\Delta t}\right)$ de la figure 2-22 sont reportées sur le graphique. P_0 représente la force maximale isométrique, et V_0 la vitesse de raccourcissement maximale du muscle.

Figure 2-23. Relation force-vitesse du muscle isolé obtenue à partir de sollicitation isotonique

P_0, a, et b sont des constantes qui vont varier en fonction du muscle étudié et qui permettent de définir la vitesse maximale de raccourcissement du muscle V_0 ainsi que le paramètre af qui correspond à la courbure de la relation. Ce dernier paramètre est en partie dépendant de la myotypologie du muscle étudié. En effet, ce paramètre est plus faible pour un muscle possédant une forte proportion de fibres lentes comparé à un muscle ayant une forte proportion de fibres rapides.

$$V_0=\frac{P_0 b}{a} \qquad af=\frac{a}{P_0}$$

À partir de l'équation de Hill, il est possible de déduire l'évolution de la puissance musculaire en fonction de la vitesse. La puissance étant déterminée par le produit de la force par la vitesse, nous avons :

$$P=F\cdot V=\frac{P_0 b-aV}{V+b}\cdot V$$

De cette relation nous pouvons déduire la valeur de vitesse de raccourcissement pour laquelle la puissance est maximale. Cette vitesse définie comme la vitesse optimale (V_{opt}) est obtenue en déterminant la valeur de vitesse qui annule la dérivée de la puissance en fonction de la vitesse $\left(\frac{dP}{dV}=P'\right)$:

$$P'=\frac{dF}{dV}\cdot V+F=\left(\frac{b^2(P_0+a)}{(V+b)^2}\right)-a$$

$$P'=0\Rightarrow V_{opt}=b\left(\left(\frac{P_0+a}{a}\right)^{\frac{1}{2}}-1\right)$$

À partir d'une normalisation des relations force-vitesse et puissance-vitesse, nous pouvons examiner l'effet de la courbure (paramètre $af = \frac{a}{P_0} = \frac{b}{V_0}$) de la relation force-vitesse sur l'évolution de la vitesse optimale.

Si l'on pose $P^* = \frac{P}{P_0}$, $V^* = \frac{V}{V_0}$, $af = c = \frac{a}{F_0} = \frac{b}{V_0}$, $P^* = F^* \cdot V^*$

Les relations force-vitesse et puissance-vitesse deviennent :

$$(P^* + c)(V^* + c) = (1+c)c \quad P^* = \frac{c(1-V^*)}{(V^* + c)}$$

$$P^* = \left(\frac{c(1-V^*)}{(V^* + c)}\right) V^*$$

La dérivée de la puissance normalisée et la valeur de vitesse optimale normalisée (V^*_{opt}) sont alors définies par :

$$\frac{dP^*}{dV^*} = c^2\left(\frac{1+c}{V^* + c}\right) - c$$

$$V^*_{opt} = c\left(\left(1 + \frac{1}{c}\right)^{\frac{1}{2}} - 1\right)$$

V^*_{opt} est donc fortement dépendante de la courbure de la relation force-vitesse. Si la courbure est importante (c faible) la vitesse optimale ainsi que la puissance seront faibles et inversement pour une faible courbure. (fig. 2-24).

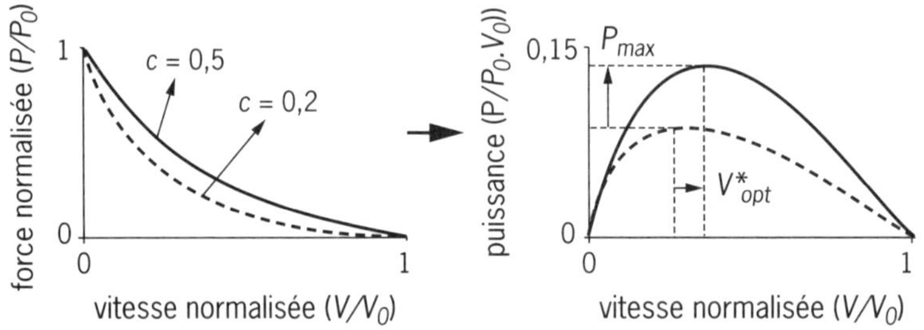

Pour deux muscles ayant des paramètres c différents. L'augmentation du paramètre c induit une augmentation de la puissance maximale ainsi que de la vitesse optimale (V_{opt}).

Figure 2-24. Relations force-vitesse (normalisée) et puissance-vitesse (normalisée)

Nous pouvons à partir des relations normalisées définir pour deux paramètres c différents les vitesses optimales normalisées ainsi que les puissances maximales normalisées.

Application numérique : $c_1 = 0{,}2$; $c_2 = 0{,}5$

Pour c_1 : $V^*_{opt} = 0{,}29$ $\quad P_{max} = 0{,}084$

Pour c_2 : $V^*_{opt} = 0{,}37$ $\quad P_{max} = 0{,}13$

Propriétés mécaniques du muscle *in situ*

Chez l'homme on ne peut pas mesurer directement les paramètres de force, longueur et vitesse musculaire. En effet, les mesures sont obtenues à la périphérie du système musculo-squelettique et concernent, pour une articulation donnée, l'activité de l'ensemble des muscles qui croisent l'articulation (muscles agonistes et antagonistes). Dans ces conditions, le moment mesuré à une articulation va dépendre de la position et de la vitesse angulaire de l'articulation, mais aussi des capacités du sujet à activer les muscles sollicités lors d'efforts maximaux. L'état d'activité des muscles peut être contrôlé en enregistrant l'activité électrique par électromyographie (EMG). Les propriétés mécaniques du muscle in situ sont déterminées à partir de l'étude des relations moment-position angulaire et moment vitesse-angulaire obtenues lors de mouvements monoarticulaires (une seule articulation est sollicitée).

Relation moment-angle

Les conditions expérimentales sont isométriques, l'articulation est placée dans une position angulaire donnée, et le sujet doit réaliser un effort maximal soit de flexion soit d'extension (fig. 2-25). Au cours de cette expérience, on enregistre la position angulaire de l'articulation et le moment articulaire développé. Si l'expérience est réalisée à différentes positions angulaires, nous obtiendrons une série de couples de points associant la position angulaire et le moment articulaire. L'allure de la relation qui découle de ces mesures va dépendre de l'articulation considérée ainsi que du groupe musculaire agoniste sollicité. Cependant, nous pouvons remarquer que pour la plupart des articulations, le moment augmente jusqu'à une certaine valeur avec l'augmentation de l'angle, puis celui-ci décroît. On note donc qu'il existe un angle articulaire optimal pour un moment musculaire maximal. (fig. 2-25).

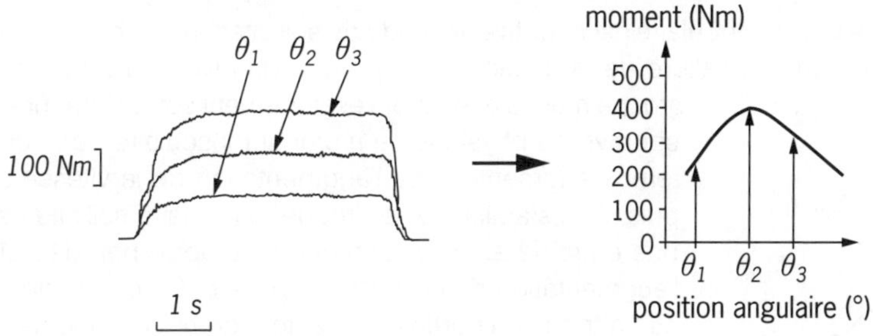

À gauche, enregistrements expérimentaux du moment développé pour 3 positions angulaires (θ_1, θ_2, θ_3). À droite relation moment angle articulaire.

Figure 2-25. Relation moment angle pour les muscles extenseurs du genou

Relation moment-vitesse angulaire

La relation moment-vitesse angulaire est généralement obtenue lors de sollicitations isocinétiques $\left(\dot{\theta} = c^{te}\right)$. Au cours d'un mouvement monoarticulaire, où l'on enregistre le moment et la position angulaire, le sujet réalise un effort maximal avec une vitesse angulaire constante. Si le sujet réalise plusieurs fois l'expérience à différentes vitesses angulaires, nous obtiendrons une série d'enregistrements montrant l'évolution du moment en fonction de la position angulaire de l'articulation (fig. 2-26). À partir de ces mesures, il est possible de construire la relation moment-vitesse angulaire en considérant pour chaque courbe soit le moment maximal développé soit le moment développé pour une position angulaire donnée. La première méthode donne la dépendance du moment maximal en fonction de la vitesse angulaire et ce, indépendamment de l'angle articulaire, la seconde définit la capacité de production de moment maximal en fonction de la vitesse angulaire et ce, pour une position angulaire donnée (fig. 2-27). Bien que la méthode utilisée induise une modification de la relation obtenue, l'allure générale de cette dernière est similaire quelle que soit l'articulation testée mais dépendante du statut d'entraînement des groupes musculaires sollicités. En effet, pour des vitesses angulaires positives qui définissent un mode de sollicitation concentrique, le moment produit décroît avec l'augmentation de la vitesse angulaire, lorsque la vitesse angulaire est nulle, le moment développé correspond au moment maximal isométrique (de l'angle articulaire considéré).

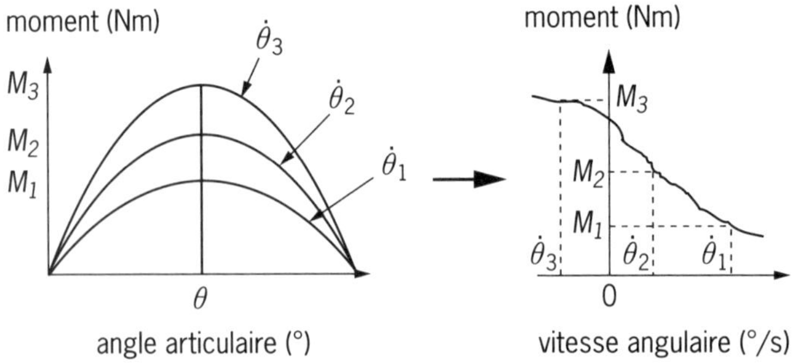

À gauche, nous avons représenté le moment en fonction de l'angle articulaire enregistré au cours d'un mouvement monoarticulaire réalisé à trois vitesses angulaires.

Figure 2-26. Principe de détermination de la relation moment-vitesse angulaire obtenue pour un angle articulaire donné (θ)

Lorsque la vitesse angulaire est négative, le mode de sollicitation des muscles agonistes est excentrique, et l'allure de la relation va dépendre du niveau d'entraînement des muscles sollicités. Si, le groupe musculaire étudié est fortement sollicité par une pratique sportive ou physique, le moment musculaire dans un premier temps augmente avec l'augmentation de la vitesse angulaire puis, il se stabilise. Si le groupe musculaire sollicité est peu ou pas entraîné alors le moment développé peu décroître avec l'augmentation de la vitesse angulaire. Ce comportement peut être attribué en partie au caractère dommageable des sollicitations excentriques (courbatures, nécroses musculaires). Aussi, pour des sujets inaccoutumés à la réalisation de tels exercices, le système nerveux limite l'activation des muscles sollicités induisant ainsi une diminution du moment produit mais aussi une limitation des dommages encourus.

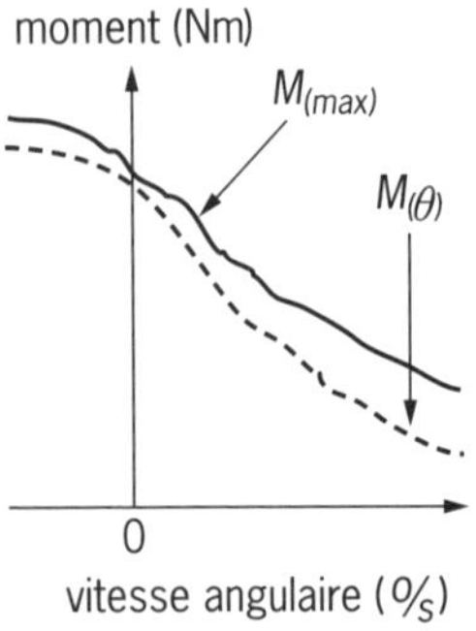

La relation en trait plein correspond à la relation obtenue si l'on considère le moment maximal développé au cours du mouvement. La relation en pointillés est obtenue en considérant le moment développé à un angle articulaire constant.

Figure 2-27. Effet de la méthode utilisée pour l'obtention de la relation moment-vitesse angulaire

La différence entre la relation moment vitesse angulaire obtenue à partir du moment maximal et du moment développé à une position angulaire donnée est essentiellement liée au temps nécessaire pour activer les muscles sollicités et à la position angulaire optimale à laquelle on peut développer le moment maximal (fig. 2-27). En effet, le temps nécessaire pour activer maximalement les muscles sollicités, qui est de l'ordre de (100 ms), est indépendant de la vitesse angulaire de sollicitation.

Aussi, si la vitesse de sollicitation augmente, la plage angulaire parcourue pendant le temps nécessaire à l'activation maximale des muscles sollicités va augmenter, ce qui induit une augmentation de l'angle auquel le moment maximal sera enregistré. Dans ces conditions la configuration de l'architecture musculo-squelettique sera différente. Pour la relation obtenue pour un angle donné, l'état de longueur des muscles est constant mais leur activation peut être sous maximale. Aussi, il convient pour cette méthode qui assure un état de longueur identique et ce, quelle que soit la vitesse angulaire utilisée, de choisir un angle proche de l'angle optimal définit à partir de l'établissement de la relation moment angulaire.

Modèle musculaire – Notion de raideur

Modèle musculaire

En biomécanique, un modèle musculaire est une représentation schématique et simplifiée du muscle qui rend compte au mieux de son comportement mécanique. Pour le muscle isolé, le modèle à trois composantes développé par Hill (1938) est le plus utilisé. Il comprend une composante contractile qui représente les ponts actines-myosines, lieu de transformation d'énergie chimique en énergie mécanique. À cette composante est associée en série une composante élastique qui comprend, une fraction active qui se situe au sein même des ponts actines-myosines, et une fraction passive qui correspond aux structures tendineuses du muscle. L'ensemble de ce système (CC et CES) est agencé en parallèle à une composante élastique (CEP) qui représente les tissus de soutien et les enveloppes du muscle. Chaque composante possède des propriétés mécaniques particulières. La CC est le générateur de force du muscle, elle est donc sollicitée dès lors que le muscle est actif, ce qui est le cas pour les relations force-vitesse et force longueur du muscle actif. La CES transmet la force produite par la CC aux leviers articulaires. La fraction active n'est sollicitée que si les ponts actines-myosines sont actifs. En effet lors d'une contraction du muscle tous les ponts ne sont pas nécessairement actifs, c'est par exemple le cas, lors de sollicitations sous maximales. La fraction passive, quant à elle, est toujours sollicitée et ce indépendamment du niveau d'activation de la CC. La CEP représente les propriétés mécaniques du muscle lorsque celui-ci est sollicité dans des conditions passives et/ou à de grandes longueurs musculaires.

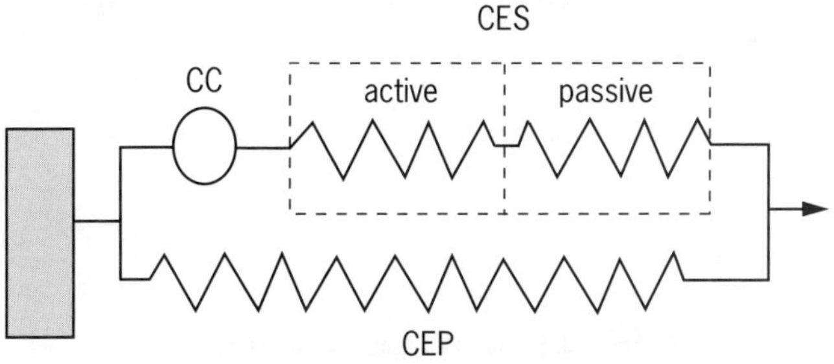

CC composante contractile, CES composante élastique série, CEP composante élastique parallèle.

Figure 2-28. Modèle musculaire à trois composantes

Aussi, la force totale qui peut être développée par le muscle va dépendre de l'état d'activation de la CC mais aussi des propriétés mécaniques des composantes élastiques.

À partir de cette modélisation, il est possible d'expliquer et de simuler un certain nombre de comportements mécaniques tel que le mode de sollicitation pliométrique.

Notion de raideur

La propriété mécanique d'une composante élastique correspond à la raideur qui est définie par le rapport d'une variation de force sur une variation de longueur (fig. 2-29). Si l'on considère un élément élastique au repos (l_0), la tension développée dans cet élément si on l'étire jusqu'à une longueur (l_1) est :

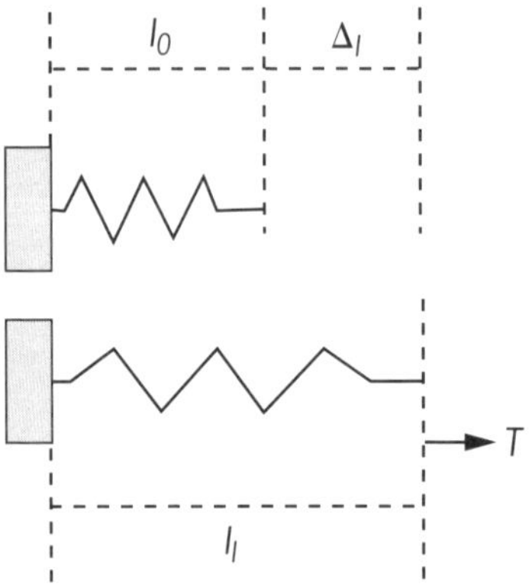

La tension T est appliquée pour étirer l'élément de la longueur l_0 à la longueur l_1

Figure 2-29. Représentation de l'étirement d'un élément élastique

$$T = k(l_1 - l_0) = k \cdot \Delta l$$

k est le coefficient de raideur de l'élément élastique ($N.m^{-1}$). On définit aussi le coefficient de compliance C qui correspond à l'inverse de la raideur ($C = \frac{1}{k}(m \cdot N^{-1})$).

Un élément très raide est un élément indéformable (exemple une barre de fer), à l'inverse un élément très compliant est donc très déformable (un élastique). Aussi, si l'on se réfère au modèle de Hill, en fonction des propriétés des éléments élastiques associés à la CC, la capacité du muscle à fournir de la force va varier. En effet, par exemple lors de l'établissement d'une force maximale isométrique, le temps nécessaire pour que le muscle développe une force maximale sera d'autant plus faible que la CES à un coefficient de raideur important.

Association d'éléments élastiques en série

Il s'agit ici de déterminer le comportement de deux éléments élastiques associés en série comme c'est le cas par exemple de la CES et de définir le coefficient de raideur de la CES globale.

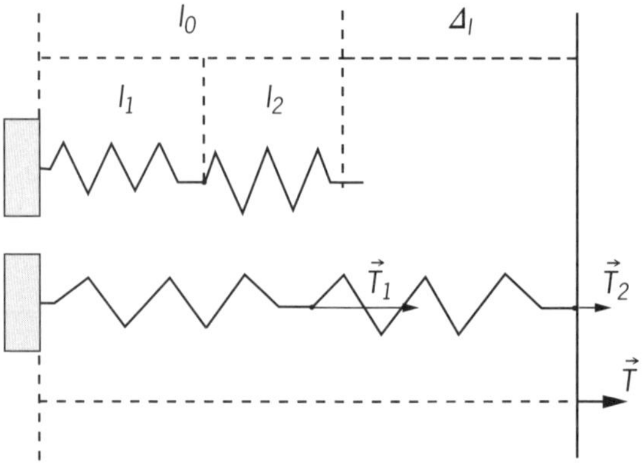

Figure 2-30. Éléments élastiques associés en séries

On étire d'une certaine longueur Δl deux éléments élastiques. Cette variation de longueur est :

$\Delta l = \Delta l_1 + \Delta l_2$ $\qquad$ $T = T_1 = T_2$

où Δl_1 et Δl_2 représentent les variations de longueur dans les éléments l_1 et l_2 et T, T_1 et T_2 sont respectivement la tension totale et les tensions mesurées dans les deux éléments. Les variations de longueurs sont donc définies par :

$$\Delta l_1 = \frac{T_1}{k_1} = \frac{T}{k_1} \qquad \Delta l_2 = \frac{T_2}{k_2} = \frac{T}{k_2}$$

$$\Delta l = T\left(\frac{1}{k_1} + \frac{1}{k_2}\right) \qquad \text{si } C_1 = \frac{1}{k_1} \qquad \text{et } C_2 = \frac{1}{k_2}$$

Alors $\dfrac{\Delta l}{T} = C = C_1 + C_2$

Aussi, si l'on veut remplacer ce système de deux éléments élastiques par un élément unique alors la compliance de cet élément sera la somme des compliances.

Association d'éléments élastiques en parallèle

Il s'agit ici de déterminer le comportement de deux éléments élastiques associés en parallèle comme c'est le cas par exemple de la CES et de la CEP et de définir le coefficient de raideur du système global.

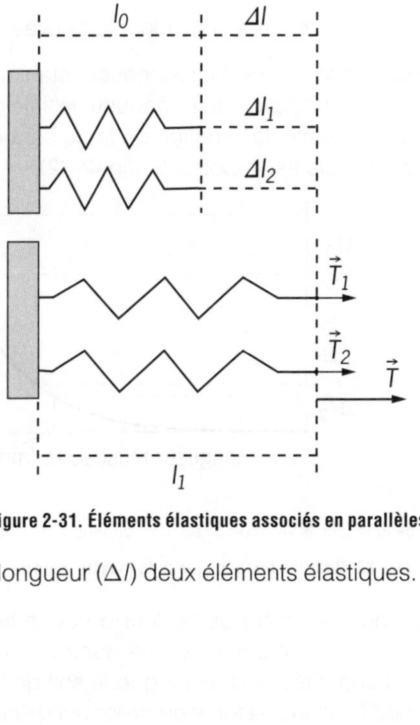

Figure 2-31. Éléments élastiques associés en parallèles

On étire d'une certaine longueur (Δl) deux éléments élastiques. La tension développée dans ce système est :

$T = T_1 + T_2$

et $\Delta l = \Delta l_1 = \Delta l_2$

Les tensions sont définies par :

$$T_1 = \Delta l_1 \cdot k_1 = \Delta l \cdot k_1 \qquad T_2 = \Delta l_2 \cdot k_2 = \Delta l \cdot k_2$$

$$T = \Delta l(k_1 + k_2)$$

Alors $\dfrac{T}{\Delta l} = k_1 + k_2$

Aussi, si l'on veut remplacer ce système de deux éléments élastiques par un élément unique alors la raideur de cet élément sera la somme des raideurs.

Évaluation des propriétés mécaniques de la CEP et de la CES

Pour la CEP l'évaluation de la raideur de cette composante est obtenue à partir de la relation force-longueur du muscle au repos. À partir du modèle de Hill, la tension qu'il faut appliquer au muscle pour l'étirer d'une certaine longueur Δl est donnée par :

$$\Delta T = \Delta l \cdot k_p + \Delta l_1 \cdot k_s$$

ou Δl: variation de longueur du muscle

k_p: coefficient de raideur de la CEP

Δl_1 : variation de longueur de la CES

k_s: coefficient de raideur de la CES

Lorsque le muscle est au repos, le coefficient de raideur de la CES est très faible comparé à celui de la CEP. Aussi, la tension qu'il faut appliquer au muscle pour l'étirer d'une certaine longueur est uniquement dépendante de la raideur de la CEP. L'évolution de la raideur de la CEP peut être obtenue en calculant la dérivée $\frac{dT}{dl}$ de la relation force-longueur obtenue au repos. Cette relation force-longueur étant non-linéaire, le coefficient de raideur de la CEP va varier en fonction de la longueur initiale du muscle. En effet, pour une variation de longueur constante, la variation de force sera d'autant plus importante que la longueur initiale du muscle est importante (fig. 2-32).

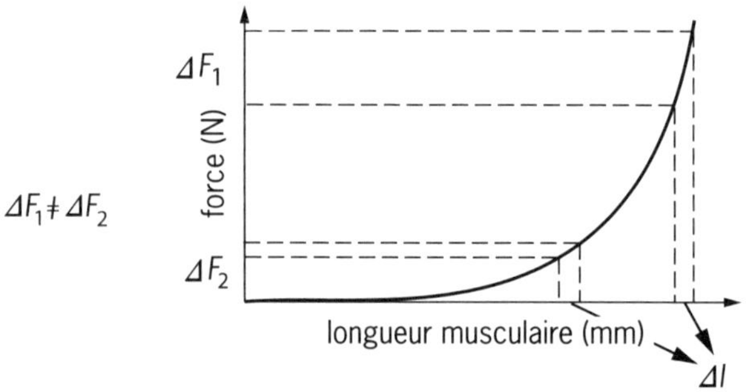

Pour une même variation de longueur, la variation de force va dépendre de la longueur initiale du muscle.

Figure 2-32. Relation force longueur du muscle isolé au repos

Pour la CES, l'évaluation du coefficient de raideur de cette composante est obtenue en appliquant à un muscle préalablement activé dans des conditions isométriques une perturbation rapide et contrôlée, soit de longueur, soit de force, en enregistrant de manière simultanée les modifications de force ou de longueur induites par la perturbation (fig. 2-33). Dans ces conditions expérimentales, on associera, soit une variation de longueur à une variation de force ($\frac{\Delta l}{\Delta F} = C$), soit une variation de force à une variation de longueur ($\frac{\Delta F}{\Delta l} = k$). Les résultats expérimentaux sont généralement exprimés sous forme de courbe tension-détente. Cette relation présente une rupture de pente indiquant au-delà de ce point une raideur non-constante. La surface définie sous cette relation représente l'énergie qui peut être emmagasinée par la CES. Cette propriété d'emmagasinement d'énergie est en partie responsable de l'accroissement de l'efficacité mécanique de la phase concentrique lors d'une contraction pliométrique. En effet, schématiquement, lors de la phase excentrique d'une sollicitation pliométrique la CES va être étirée et l'énergie emmagasinée sera, si la phase concentrique intervient rapidement, restituée.

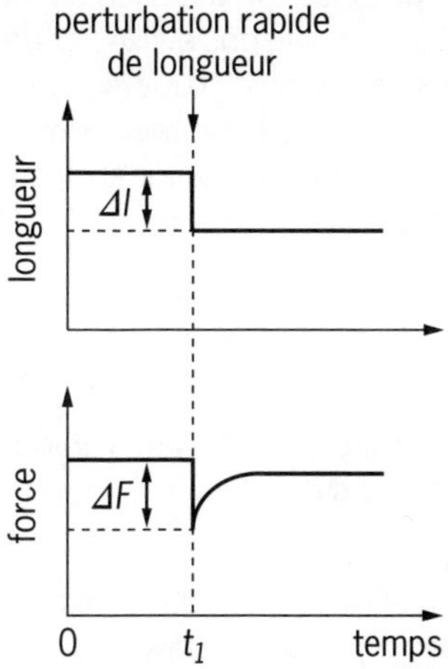

De 0 à t_1, le muscle est stimulé dans des conditions isométriques.
À l'instant t_1 on applique une perturbation de longueur.
La force chute brutalement puis on observe au-delà de t_1 un redéploiement de force.

Figure 2-33. Évolution schématique de la longueur et de la force du muscle en fonction du temps au cours d'une perturbation de longueur contrôlée

EXERCICES

EXERCICE 2.1

On envisage des tests simples destinés à l'évaluation de moments isométriques à l'articulation du genou. Le sujet est allongé sur le dos et fixé par des sangles, le membre inférieur testé est maintenu dans la position définie par le schéma ci-dessous (cuisse verticale (HK), jambe horizontale (KA)). Dans les conditions 1 et 2 (voir figure), le dynamomètre (D), relié à la cheville au point A par un câble vertical mesure les tensions T_1 et T_2 lorsque le sujet exerce un effort maximal.

Quel est le groupe musculaire testé dans chaque cas 1 et 2? Peut-on affirmer, sans information complémentaire, que les moments mesurés sont les moments d'un groupe musculaire donné? Proposer des mesures de contrôle complémentaires.

Déterminer les moments musculaires M1 et M2 à l'articulation K dans les conditions 1 et 2 (expressions littérales et valeurs numériques).

Données:
schéma en chaînons rigides HK et KA, masse du système jambe pied $m = 3{,}5$ kg, position du centre de gravité du système jambe pied KG = b = 22 cm, longueur du segment KA = a = 51 cm, forces mesurées $T_1 = 340\ N$; $T_2 = 210\ N$, $g = 9{,}81\ m.s^{-2}$.

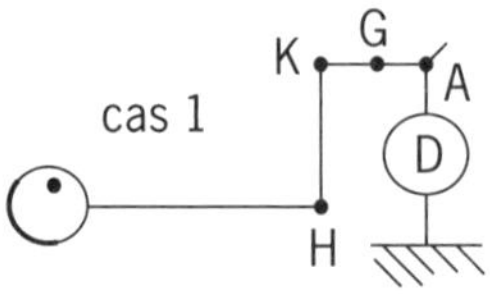

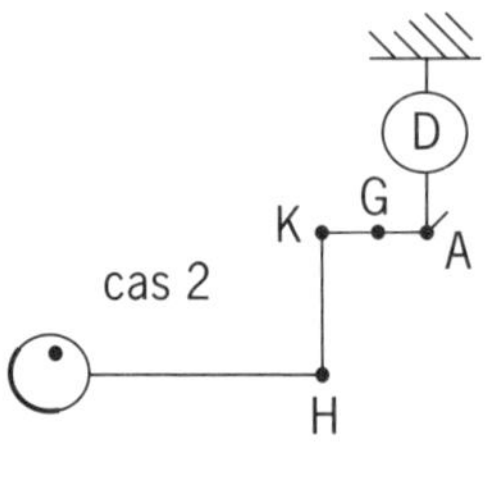

EXERCICES 2.2

Les figures (A, B, C, D) ci-dessous correspondent à des mouvements de flexion ou d'extension de l'avant-bras, dans différentes conditions. Pour chaque mouvement, un seul groupe musculaire est actif (fléchisseurs ou extenseurs).

Notations:

$\vec{\omega}_e$ et $\vec{\omega}_f$: vecteurs vitesses angulaires de flexion et d'extension

$\vec{F}_e$ Vecteur force extérieure agissant sur l'avant-bras

W^+ travail concentrique

W^- travail excentrique

EMG (b) signal électromyographique du biceps

EMG (t) signal électromyographique du triceps

$\vec{M}_f$ et $\vec{M}_e$ moments de flexion et d'extension

Compléter le tableau ci-joint en plaçant une croix (x) dans chaque case correspondant à une réponse juste.

Figure	EMG (*b*)	EMG (*t*)	W⁺ biceps	W⁻ biceps	W⁺ triceps	W⁻ triceps
A						
B						
C						
D						

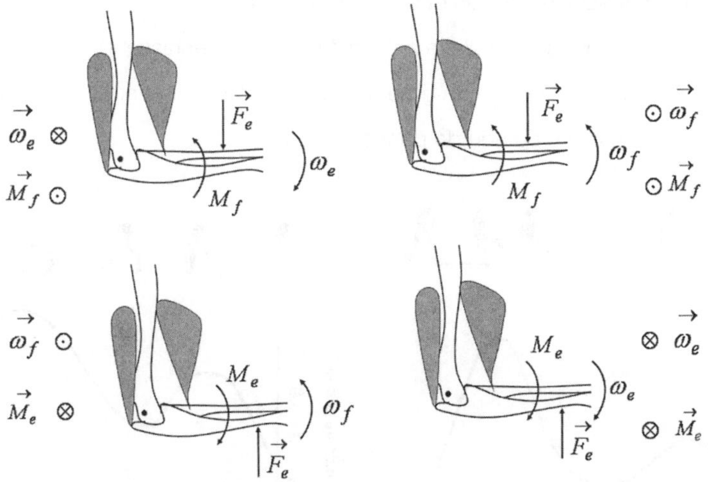

EXERCICE 2.3

Un sujet effectue des mouvements de flexion extension de la jambe sur ergomètre isocinétique. On néglige les cocontractions, de sorte qu'au cours du mouvement un seul groupe musculaire est actif, quadriceps (Q) ou ischio-jambiers (IJ). Compléter le tableau ci-dessous, en indiquant le groupe musculaire actif.

	Q actif	IJ actif
Flexion en mode excentrique		
Flexion en mode concentrique		
Extension en mode concentrique		
Extension en mode excentrique		

EXERCICE 2.4

Au cours d'un mouvement de flexion de la jambe sur ergomètre isocinétique on mesure, pour une position donnée, un mouvement musculaire total M (appelé moment net) par rapport à l'axe de rotation. Un contrôle électromyographique de l'activité des muscles fléchisseurs et extenseurs permet d'estimer le degré de cocontraction de ces groupes musculaires. On admet que le moment développé par les fléchisseurs (M_f) est égal à 15 % du moment développé par les extenseurs (M_e). Préciser le mode d'action des muscles fléchisseurs et extenseurs (concentrique ou excentrique) et calculer les moments M_f et M_e lorsque $M = 150$ $N.m$.

EXERCICE 2.5 MODES D'ACTION MUSCULAIRE LORS DE LA MARCHE ET DE LA COURSE

Les figures ci-dessous représentent les enregistrements de l'angle articulaire et du moment musculaire obtenus à l'articulation du genou de la jambe droite pour un pas et une foulée réalisée respectivement lors de la marche et de la course (figure 1). À partir de ces enregistrements vous devez :

1. Identifier la phase d'appui et la phase aérienne de la jambe
2. Indiquer les phases de flexion et d'extension de la jambe
3. Déterminer le groupe musculaire actif (extenseur ou fléchisseur)
4. Définir le mode d'action de ces groupes musculaires (concentrique ou excentrique)
5. Identifier la présence ou non de phase pliométrique.

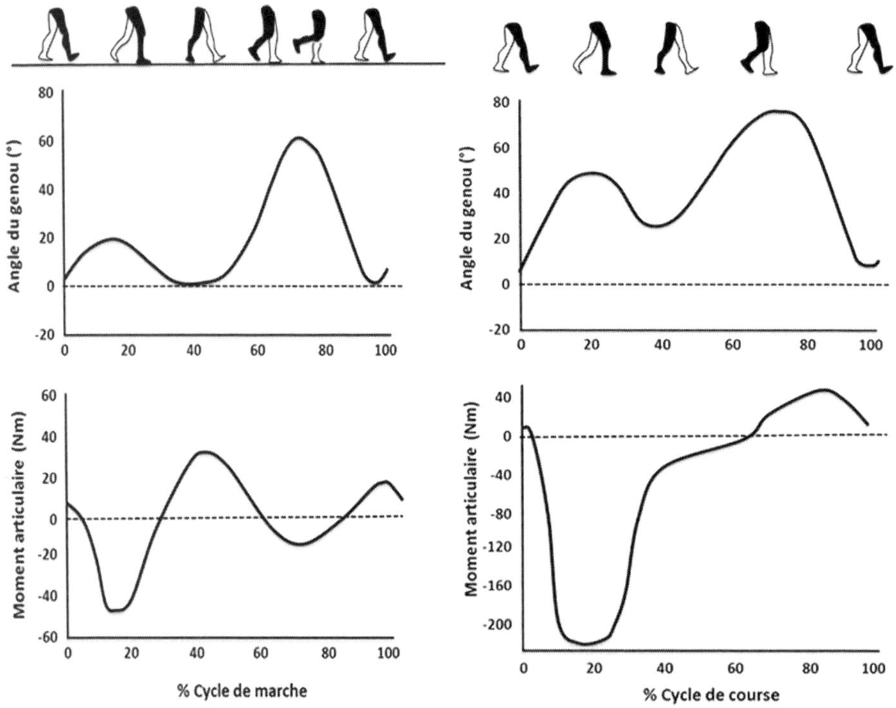

Ces évolutions sont données en abscisse en pourcentage du cycle de marche ou de course (pose successive du pied droit au sol). Pour l'évolution de l'angle articulaire 0° correspond à l'extension complète du genou. Pour le moment musculaire, les valeurs positives correspondent au moment musculaire de flexion et les valeurs négatives au moment musculaire d'extension

Figure 1. Enregistrement de l'évolution de l'angle (graphique du haut) et du moment musculaire (graphique du bas) à l'articulation du genou lors d'un pas de marche (à gauche) et une foulée en course (à droite).

CHAPITRE 3
CINÉMATIQUE

1 Définitions et intérêts de l'analyse cinématique en STAPS

Définitions

L'analyse cinématique se définit comme l'étude du mouvement en fonction du temps, sans rechercher les causes de ce mouvement. Elle correspond donc à une analyse descriptive du geste. Cette définition nécessite la distinction entre un état de mouvement et un état de repos. Ces états sont des notions relatives. En effet, si l'on considère un individu assis par exemple dans un avion, il est à l'état de repos par rapport à l'avion et à l'état de mouvement par rapport à la terre.

Les positions successives d'un point ou d'un solide en fonction du temps définissent la trajectoire en fonction du temps. Cette trajectoire est aussi une notion relative. En effet, si l'on considère un individu qui tourne en rond dans un ascenseur, sa trajectoire est définie par un cercle, si le référentiel est dans l'ascenseur, et par une hélice si le référentiel est à l'extérieur de l'ascenseur (combinaison d'une rotation et d'une translation). La distinction entre état de repos et état de mouvement dépend du référentiel considéré. Ce dernier pouvant être considéré comme fixe (la terre) ou comme mobile (l'avion, l'ascenseur). Il apparaît donc impératif de définir le repère utilisé dans l'étude du mouvement. Pour ce qui concerne les études cinématique en STAPS, le repère utilisé est en généralement Galiléen (référentiel terrestre).

L'intérêt de l'analyse cinématique en STAPS réside en la description du mouvement en terme de trajectoires, vitesses et accélérations. Cette analyse peut être globale et dans ce cas on résume l'individu à son centre de gravité ou plus spécifique et on s'intéresse alors aux mouvements réalisés par les différents segments corporels. Le principe d'une analyse cinématique consiste, au cours d'un mouvement, à filmer un individu sur lequel ont été placés au préalable des marqueurs sur des points anatomiques repérables (articulations).

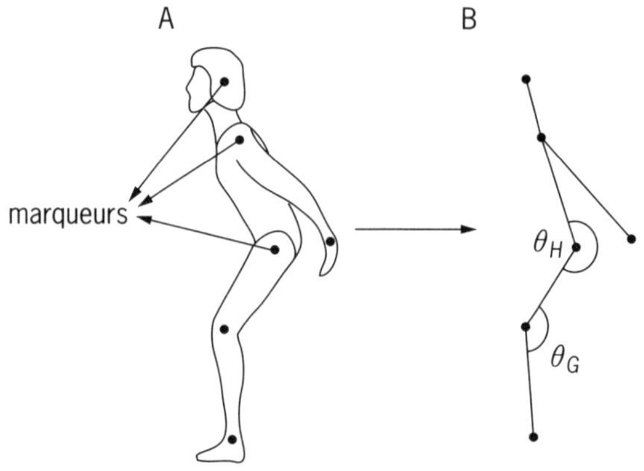

À partir de ce modèle, on peut déterminer les angles articulaires (θ_G, θ_H).

Figure 3-1. Positionnement des marqueurs (A) sur une athlète, et modélisation de l'athlète en chaînons rigides (B)

Le calibrage temporel est réalisé à partir de la fréquence d'échantillonnage de l'enregistrement (environ 100 Hz). À partir des marqueurs, on modélise l'individu en chaînons rigides (chaque segment est représenté par un solide homogène), et, pour chaque image, on mesure les angles articulaires, on obtiendra ainsi l'évolution au cours du mouvement des angles interarticulaires (fig. 3-1). Pour déterminer l'évolution aux cours du mouvement de la position du centre de gravité, il est nécessaire d'utiliser des données anthropométriques. Ces dernières permettent, de placer pour chaque segment la position des centres de gravités (définies en pourcentage de la longueur du segment) ainsi que de définir la masse de chaque segment en fonction de la masse totale de l'individu. La position du centre de gravité de l'individu définie comme le barycentre des masses élémentaires, est calculée pour chaque image (voir chap. 1). On obtient ainsi, la trajectoire du centre de gravité aux cours du mouvement étudié. L'analyse de la trajectoire du centre de gravité donne une information concernant la trajectoire globale de l'individu. L'analyse du comportement de chaque articulation permet de quantifier la quantité de rotation des différents segments participant au mouvement. Par exemple, lors d'une course, la trajectoire du centre de gravité de l'athlète oscille autour d'une ligne parallèle au plan de course. Les membres inférieurs et supérieurs présentent quant à eux de grandes quantités de rotations.

2 Cinématique dans un repère fixe

Repérage d'un point dans l'espace

L'espace est défini par un repère fixe orthonormé. Ce dernier comprend trois axes perpendiculaires deux à deux et chaque axe supporte un vecteur unitaire.

Repère : $\left(o,\vec{i},\vec{j},\vec{k}\right)$, $\left\|\vec{i}\right\| = \left\|\vec{j}\right\| = \left\|\vec{k}\right\| = 1$

La position instantanée (*t*) du point *M* par rapport à *O* est définie par :

$$\overrightarrow{OM_{(t)}} = x_{(t)}\vec{i} + y_{(t)}\vec{j} + z_{(t)}\vec{k}$$

$x_{(t)}$, $y_{(t)}$, $z_{(t)}$ sont les coordonnées du point *M* à l'instant (*t*). La norme du vecteur $OM_{(t)}$ représente la distance à l'instant (*t*) entre *O* et *M*.

$$\left\|\overrightarrow{OM_{(t)}}\right\| = \sqrt{x_{(t)}^2 + y_{(t)}^2 + z_{(t)}^2}$$

Application numérique :

à l'instant t, le point *M* à la position (3, 4, 5). La position du point *M* est définie par :

$$\overrightarrow{OM_{(t)}} = 3\vec{i} + 4\vec{j} + 5\vec{k}$$

La norme de ce vecteur est :

$$\left\|\overrightarrow{OM_{(t)}}\right\| = \sqrt{3^2 + 4^2 + 5^2} = 7{,}07$$

À partir de la position instantanée d'un point dans l'espace nous pouvons définir la vitesse et l'accélération instantanée de ce point. Ces dimensions sont d'abord définies pour un mouvement linéaire puis pour un mouvement curvilinéaire.

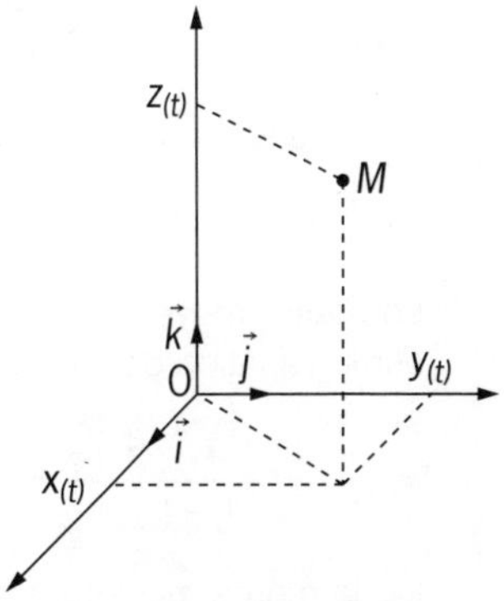

Figure 3-2. Repérage d'un point *M* dans l'espace

Mouvement linéaire

Un mouvement linéaire est défini suivant un seul degré de liberté (un sens de déplacement). Le repère utilisé est défini par un axe supportant un vecteur unitaire (fig. 3-3).

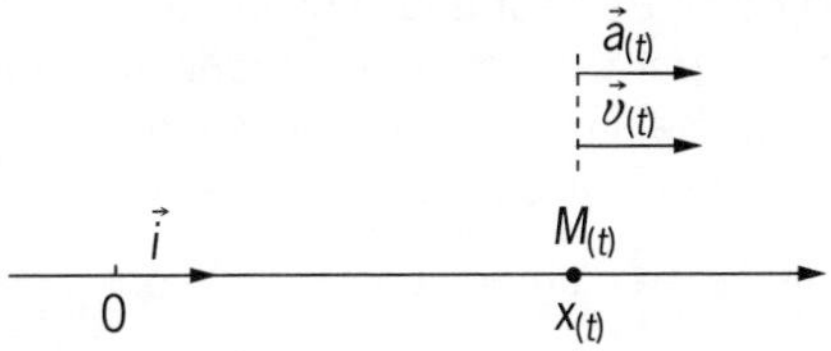

Figure 3-3. Position ($x_{(t)}$), vitesse ($v_{(t)}$) et accélération ($a_{(t)}$) instantanées du point *M* lors d'un mouvement linéaire

Repère : $\left(o,\vec{i}\right)$

La position instantanée du point est :

$\overrightarrow{OM_{(t)}} = x_{(t)}\vec{i}$ L'unité de mesure est le mètre (*m*)

La vitesse instantanée du point *M* est définie par la dérivée première de la position en fonction du temps.

$$\frac{d\overrightarrow{OM_{(t)}}}{dt} = \overrightarrow{v_{(t)}} = \frac{dx_{(t)}}{dt}\vec{i} = \dot{x}_{(t)}\vec{i}$$ L'unité de mesure est : $m.s^{-1}$

L'accélération instantanée du point *M* est définie par la dérivée première de la vitesse instantanée et donc par la dérivée seconde de la position.

$$\frac{d\overrightarrow{v_{(t)}}}{dt} = \overrightarrow{a_{(t)}} = \frac{d\dot{x}_{(t)}}{dt}\vec{i} = \ddot{x}_{(t)}\vec{i}$$ L'unité de mesure est : $m.s^{-2}$

À l'instant t_1, le point *M* se déplace à la position M_1 (fig. 3-4). La position et la vitesse instantanées du point M_1 sont :

Figure 3-4. Déplacement du point *M* en M_1

$$\overrightarrow{OM_{1(t_1)}} = x_{1(t_1)}\vec{i} \qquad \frac{d\overrightarrow{OM_{1(t_1)}}}{dt} = \overrightarrow{v_{1(t_1)}} = \dot{x}_{1(t_1)}\vec{i}$$

La distance parcourue entre les positions $M_{(t)}$ et $M_{1(t1)}$ est définie par le vecteur :

$$\overrightarrow{MM_1} = \left(x_{1_{(t1)}} - x_{(t)}\right)\vec{i} = \Delta x\vec{i}$$

La vitesse moyenne entre $M_{(t)}$ et $M_{1(t1)}$ est définie par le rapport de la variation de position sur la variation de temps. Nous obtenons donc :

$$\overrightarrow{v_{MM_1}} = \frac{\left(x_1(t_1) - x(t)\right)}{t_1 - t}\vec{i} = \frac{\Delta x}{\Delta t}\vec{i}$$

De la même manière, nous pouvons définir l'accélération moyenne entre $M_{(t)}$ et $M_{1(t1)}$. Cette dernière correspond au rapport de la variation de vitesse sur la variation de temps.

$$\overrightarrow{a_{MM_1}} = \frac{\left(v_{1(t_1)} - v_{(t)}\right)}{t_1 - t}\vec{i} = \frac{\Delta v}{\Delta t}\vec{i}$$

Il apparaît que la vitesse ou l'accélération moyenne n'est pas définie comme la moyenne des vitesses ou des accélérations instantanée mais comme le rapport d'une variation de position ou une variation de vitesse sur une variation de temps. À partir de ces définitions, nous pouvons montrer par exemple que lorsque la variation de temps tend vers 0 (devient de plus en plus petite) la vitesse moyenne tend vers la vitesse instantanée. Il en est de même si l'on considère l'accélération moyenne et l'accélération instantanée.

Exemple : la position instantanée d'un point est définie par :

$$x_{(t)} = 5t^2 + t + 2$$

La vitesse moyenne entre 2,5 s et 4 s est :

$$v_{(2,5;4)} = \frac{x(4) - x(2,5)}{4 - 2,5} = \frac{86 - 35,75}{1,5} = 33,5\,m.s^{-1}$$

La vitesse moyenne entre 2,5 s et 3,5 s est :

$$v_{(2,5;3,5)} = \frac{x_{(3,5)} - x_{(2,5)}}{3,5 - 2,5} = \frac{66,75 - 35,75}{1} = 31\,m.s^{-1}$$

La vitesse moyenne entre 2,5 s et 3 s est :

$$v_{(2,5;3)} = \frac{x_{(3)} - x_{(2,5)}}{3 - 2,5} = \frac{50 - 35,75}{0,5} = 28,5\,m.s^{-1}$$

La vitesse moyenne entre 2,5 s et 2,75 s est :

$$v_{(2,5;2,75)} = \frac{x_{(2,75)} - x_{(2,5)}}{2,75 - 2,5} = \frac{42,56 - 35,75}{0,25} = 27,24\,m.s^{-1}$$

La vitesse instantanée est définie par : $v_{(t)} = \frac{dx_{(t)}}{dt} = 10t + 1$

À l'instant t(2,5) la vitesse est : $v(2,5) = 26\,m.s^{-1}$

Lorsque Δt passe de 1,5 s à 0,25 s, la vitesse moyenne passe de 33,5 $m.s^{-1}$ à 27,24 $m.s^{-1}$ en se rapprochant de la valeur de la vitesse instantanée (26 $m.s^{-1}$) déterminé à l'instant 2,5 s.

Dans cet exemple, l'accélération instantanée est définie par :

$$a_{(t)} = \frac{dv_{(t)}}{dt} = 10\,m.s^{-2}$$

L'évolution en fonction du temps de la position, la vitesse et de l'accélération sont décrites sur la figure 3-5.

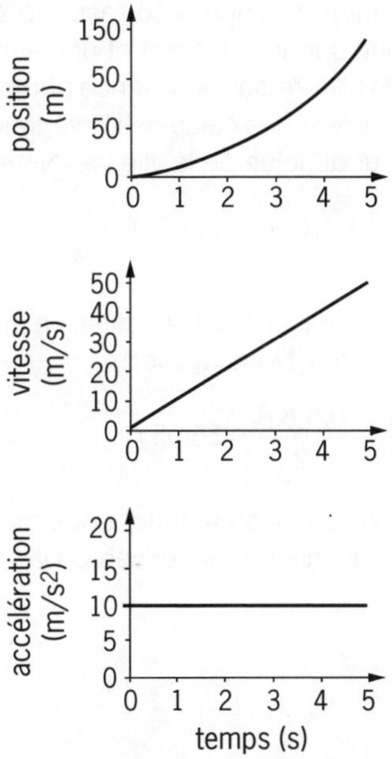

Figure 3-5. Évolution en fonction du temps de la position, la vitesse et de l'accélération d'un point lors d'un mouvement linéaire défini par : $x_{(t)} = 5t^2 + t + 2$

Exemple d'analyse d'un mouvement rectiligne.

On enregistre au cours d'un mouvement rectiligne la vitesse du déplacement (fig. 3-6).

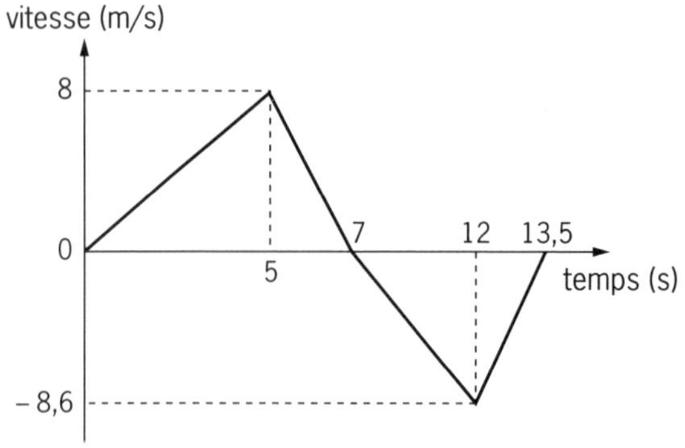

Figure 3-6. Évolution de la vitesse en fonction du temps au cours d'une course rectiligne

Il s'agit ici d'une course rectiligne en aller-retour. Entre les instants 0 s et 7 s la vitesse du coureur est positive, il se déplace donc dans le sens positif. Entre 7 s et 13,5 s, la vitesse est négative, ce qui signifie que le coureur revient sur ses pas. Nous pouvons déterminer à partir de cette figure le déplacement total effectué par le coureur. Lorsque l'on enregistre la vitesse instantanée, le déplacement est défini par l'intégrale de la vitesse en fonction du temps.

$$x_{(t)} = \int_0^t v_{(t)}.dt$$

Dans notre exemple, la distance parcourue correspond à la surface délimitée par la courbe. Nous avons donc une surface positive et une surface négative. En effet, si le coureur réalise exactement un aller-retour, la distance parcourue est nulle (le sujet revient à sa position initiale). Dans ce cas, nous calculons l'intégrale de la vitesse en fonction du temps en considérant la valeur absolue de la vitesse. Nous avons donc :

$$x_{(t)} = \int_0^7 v_{(t)}.dt + \int_7^{13,5} \left|v_{(t)}\right|.dt$$

Ici, nous calculons la surface délimitée par les droites en procédant de manière géométrique (surface des deux triangles). Nous avons :

$$x_{(t)} = \int_0^7 v_{(t)}.dt + \int_7^{13,5} \left|v_{(t)}\right|.dt = \frac{7.8}{2} + \frac{6,5.8,6}{2} = 55,95\ m$$

À partir de l'évolution de la vitesse instantanée, nous pouvons déterminer l'évolution de l'accélération. Celle-ci est définie par la dérivée de la vitesse en fonction du temps.

$$a_{(t)} = \frac{dv_{(t)}}{dt}$$

Dans notre exemple, la vitesse instantanée évolue de manière linéaire en fonction du temps, nous avons donc pour les différentes phases du mouvement, des accélérations constantes en fonction du temps. (Pour une droite, la dérivée correspond à la pente de la droite). Nous avons :

$$a_{(0;5)} = \frac{8}{5} = 1{,}6\ m.s^{-2}$$

$$a_{(5;7)} = \frac{0-8}{7-5} = -4\ m.s^{-2}$$

$$a_{(7;12)} = \frac{-8{,}6-0}{12-7} = -1{,}72\ m.s^{-2}$$

$$a_{(12;13,5)} = \frac{0+8{,}6}{12-13{,}5} = 5{,}73\ m.s^{-2}$$

Pour déterminer les phases accélérées et décélérées du mouvement, on compare le signe de la vitesse et de l'accélération. Si, vitesse et accélération sont de même signe, le mouvement est accéléré. Inversement, si vitesse et accélération sont de signe opposé, le mouvement est décéléré. Nous avons donc :

Entre 0 et 5 s, le mouvement est accéléré.

Entre 5 et 7 s, le mouvement est décéléré.

Entre 7 s et 12 s, le mouvement est accéléré.

Entre 12 s et 13,5 s, le mouvement est décéléré.

La figure 3-7 représente l'évolution du déplacement de la vitesse et de l'accélération en fonction du temps pour le mouvement rectiligne défini à la figure 3-6.

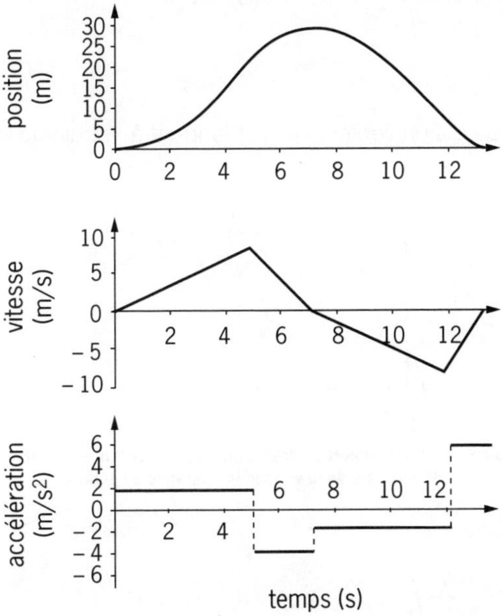

Figure 3-7. Évolution de la position (courbe du haut), de la vitesse (courbe du milieu) et de l'accélération (courbe du bas) en fonction du temps pour un mouvement rectiligne

Mouvement curviligne

Un mouvement curvilinéaire est défini par au moins deux sens de déplacement, nous nous intéressons à un mouvement réalisé dans un repère constitué par deux axes orthonormés (fig. 3-8).

$$\left(o,\vec{i},\vec{j}\right)$$

La position, la vitesse et l'accélération instantanées du point *M* sont définies par les vecteurs suivants :

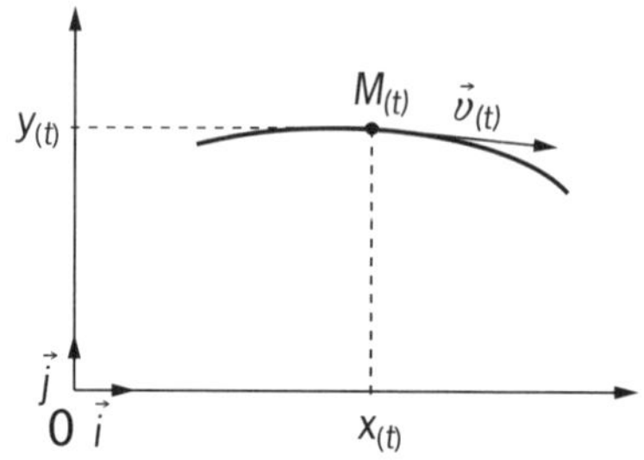

Figure 3-8. Position instantanée d'un point au cours d'un mouvement curvilinéaire

Position instantanée

$$\overrightarrow{OM(t)} = x(t)\vec{i} + y(t)\vec{j} \qquad OM(t) = \sqrt{x(t)^2 + y(t)^2}$$

Vitesse instantanée

$$\frac{d\overrightarrow{OM(t)}}{dt} = \overrightarrow{v(t)} = \frac{dx(t)}{dt}\vec{i} + \frac{dy(t)}{dt}\vec{j} = \dot{x}(t)\vec{i} + \dot{y}(t)\vec{j} = v_x(t)\vec{i} + v_y(t)\vec{j}$$

$$v(t) = \sqrt{\dot{x}(t)^2 + \dot{y(t)}^2}$$

La vitesse instantanée est un vecteur qui est tangent à la trajectoire (fig. 3-9).

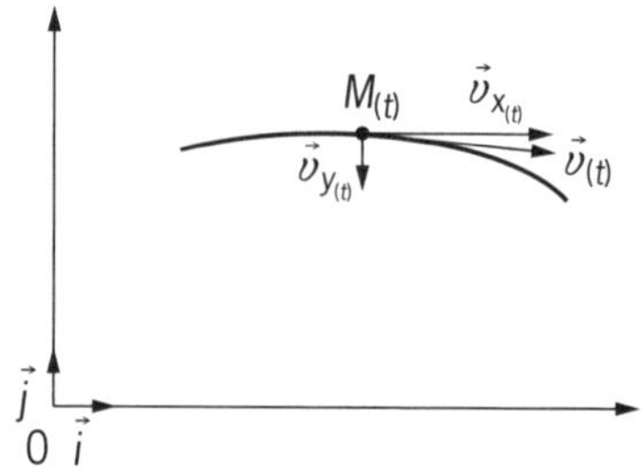

Figure 3-9. Représentation graphique des composantes horizontale et verticale de la vitesse instantanée au point *M*

Accélération instantanée

$$\frac{d\overrightarrow{v(t)}}{dt} = \overrightarrow{a(t)} = \frac{d\dot{x}_{(t)}}{dt}\vec{i} + \frac{d\dot{x}_{(t)}}{dt}\vec{j} = \ddot{x}_{(t)}\vec{i} + \ddot{y}_{(t)}\vec{j} = a_x(t)\vec{i} + a_y(t)\vec{j}$$

$$a(t) = \sqrt{\ddot{x}(t)^2 + \ddot{y(t)}^2}$$

L'accélération instantanée est un vecteur qui est toujours dirigé vers la concavité de la trajectoire.

À l'instant t_1, le point M se déplace en M_1. La distance parcourue par le point M est définie par le vecteur.

$$\overrightarrow{MM_1} = \left(x_1(t_1) - x(t)\right)\vec{i} + \left(y_1(t_1) - y(t)\right)\vec{j} = \Delta x\vec{i} + \Delta y\vec{j}$$

$$MM_1 = \sqrt{\Delta x^2 + \Delta y^2}$$

La vitesse et l'accélération moyenne sont définies par :

$$\overrightarrow{v_{MM_1}} = \frac{\Delta x}{\Delta t}\vec{i} + \frac{\Delta y}{\Delta t}\vec{j} = v_x\vec{i} + v_y\vec{j}$$

$$v_{MM_1} = \sqrt{v_x^2 + v_y^2}$$

$$\overrightarrow{a_{MM_1}} = \frac{\Delta v_x}{\Delta t}\vec{i} + \frac{\Delta v_y}{\Delta t}\vec{j} = a_x\vec{i} + a_y\vec{j}$$

$$a_{MM_1} = \sqrt{a_x^2 + a_y^2}$$

Exemple d'évolution des composantes horizontale et verticale de la vitesse instantanée lors d'une phase aérienne de saut (fig. 3-10).

Lors d'une phase aérienne de saut, le sujet est soumis à une force externe qui est son propre poids. Nous avons :

$$\sum \vec{F}_{ext} = m\vec{a} = \vec{P} = m\vec{g} \Rightarrow \vec{a} = \vec{g}$$

L'accélération du centre de gravité du sujet est égale à l'accélération de la gravité terrestre. Si nous considérons que la trajectoire est réalisée suivant deux axes (un axe vertical (Oz) et un axe horizontal (Ox)), nous pouvons alors déterminer les équations qui définissent l'évolution des vitesses horizontale et verticale du mouvement (les équations de la vitesse instantanées sont déterminées par intégration des équations de l'accélération).

$$\vec{a} = \vec{g} \Rightarrow \begin{Bmatrix} a_x(t) = 0 \\ a_z(t) = -g \end{Bmatrix}$$

$$\vec{v}(t) \Rightarrow \begin{Bmatrix} v_x(t) = v_{0x} \\ v_z(t) = -gt + v_{0z} \end{Bmatrix}$$

Ou v_{0x} est la composante horizontale de la vitesse initiale $\vec{v}_0$

v_{0z} est la composante verticale de la vitesse initiale $\vec{v}_0$

$$\vec{v}_0 = \vec{v}_{0x} + \vec{v}_{0z}$$

Lors d'une phase aérienne de saut (et si nous négligeons les frottements), la vitesse horizontale du centre de gravité est constante et elle est égale à la vitesse horizontale initiale (vitesse de décollage).

La trajectoire du centre de gravité est définie par les équations obtenues en intégrant les équations de la vitesse instantanée :

$$h_{(t)} \Rightarrow \begin{Bmatrix} x(t) = v_{0x}.t + x_0 \\ z(t) = -\frac{1}{2}g.t^2 + v_{0z}.t + z_0 \end{Bmatrix}$$

Ou x_0 et z_0 sont les coordonnées du centre de gravité du sujet au début du mouvement. La figure 3-10 représente la trajectoire du centre de gravité au cours d'une phase aérienne. L'axe horizontal correspond au déplacement horizontal, l'axe vertical le déplacement vertical. Jusqu'au sommet de la trajectoire, la vitesse verticale est positive. Au sommet de la trajectoire la vitesse verticale est nulle, la vitesse du centre de gravité est égale à la vitesse horizontale initiale. Après le sommet de la trajectoire la vitesse verticale est négative.

Les vecteurs représentent l'évolution de la vitesse ainsi que de ces composantes horizontales et verticales.

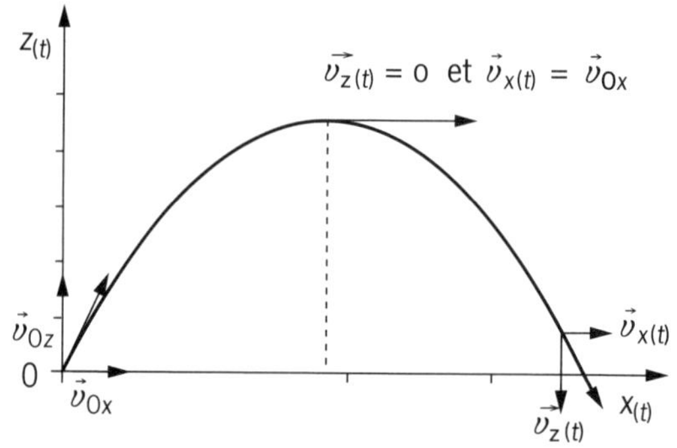

Figure 3-10. Trajectoire horizontale et verticale du centre de gravité au cours d'une phase aérienne de saut

CONCLUSION

L'analyse cinématique consiste à enregistrer la position d'un point en fonction du temps. À partir de la trajectoire du point il est possible par dérivations successives de déterminer la vitesse et l'accélération au cours du mouvement. À partir de l'accélération nous pouvons appliquer les lois de la dynamique.

$$\overrightarrow{OM(t)}\begin{Bmatrix} x(t) \\ y(t) \\ z(t) \end{Bmatrix} \Leftrightarrow \overrightarrow{v(t)}\begin{Bmatrix} \dot{x}(t) \\ \dot{y}(t) \\ \dot{z}(t) \end{Bmatrix} \Leftrightarrow \overrightarrow{a(t)}\begin{Bmatrix} \ddot{x}(t) \\ \ddot{y}(t) \\ \ddot{z}(t) \end{Bmatrix} \Leftrightarrow m.\overrightarrow{a(t)} = \sum \overrightarrow{F_{ext}(t)}$$

Mouvements angulaires

Pour les mouvements angulaires, la trajectoire du point correspond à un cercle. La position instantanée du point est définie par un angle (fig. 3-11).

$$(\widehat{Ox, OM(t)}) = \theta(t)$$

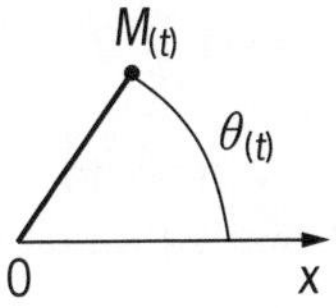

Figure 3-11. Position angulaire instantanée d'un point

Tout comme les mouvements linéaires et curvilinéaires, la vitesse angulaire ainsi que l'accélération angulaire sont définies par dérivation successive de la position angulaire. Nous définissons donc :

$$\omega(t) = \frac{d\theta(t)}{dt} = \dot{\theta}(t)$$ L'unité de la vitesse angulaire est : $rad.s^{-1}$

$$\alpha(t) = \frac{d\omega(t)}{dt} = \frac{d\,\dot{\theta}(t)}{dt} = \ddot{\theta}(t)$$ L'unité de l'accélération angulaire est : $rad.s^{-2}$

Si à l'instant t_1 le point M se déplace en M_1, la nouvelle position instantanée du point M est définie par :

$$(\widehat{Ox, OM_1(t_1)}) = \theta_1(t_1)$$

L'intervalle angulaire parcouru sera :

$$(\widehat{OM(t), OM_1(t_1)}) = \theta_1(t_1) - \theta(t) = \Delta\theta$$

La vitesse et l'accélération angulaires moyennes sont définies par :

$$\omega_{(MM_1)} = \frac{\theta_1(t_1) - \theta(t)}{t_1 - t} = \frac{\Delta\theta}{\Delta t} \qquad \alpha_{(MM_1)} = \frac{\omega_1(t_1) - \omega(t)}{t_1 - t} = \frac{\Delta\omega}{\Delta t}$$

Il existe des relations entre vitesse et accélération angulaire et vitesse et accélération linéaire. Considérons le vecteur OM défini à partir d'un vecteur unitaire radial $\vec{u}$ (repère polaire $(\vec{u}, \theta)$) (fig. 3-12).

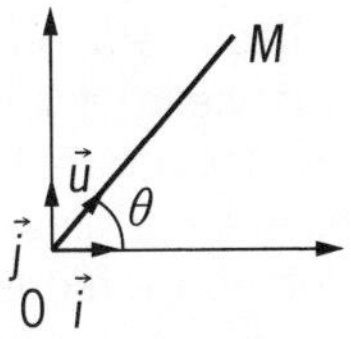

Figure 3-12. Position d'un point *M* suivant un vecteur unitaire radial $\vec{u}$

$\overrightarrow{OM} = R\vec{u}$ R défini le rayon de giration du point M autour du point O.

Le vecteur u est défini à partir des vecteurs unitaires *i* et *j* qui définissent un repère orthonormé ($\|\vec{u}\| = \|\vec{i}\| = \|\vec{j}\| = 1$):

$\vec{u} = \cos\theta\vec{i} + \sin\theta\vec{j}$

La vitesse du point *M* est définie, si *R* est constant $\frac{dR}{dt} = O$, par :

$$\frac{d\overrightarrow{OM}}{dt} = \frac{dR}{dt}\vec{u} + R\frac{d\vec{u}}{dt} = R(-\sin\theta\vec{i} + \cos\theta\vec{j})\frac{d\theta}{dt} = R\frac{d\theta}{dt}\vec{t} = \vec{v}$$

t est un vecteur qui est tangentiel à la trajectoire. La vitesse linéaire de *M* lors d'un mouvement de rotation est donnée par le produit de la vitesse angulaire par le rayon de rotation :

$v(t) = R\dot{\theta}(t)$

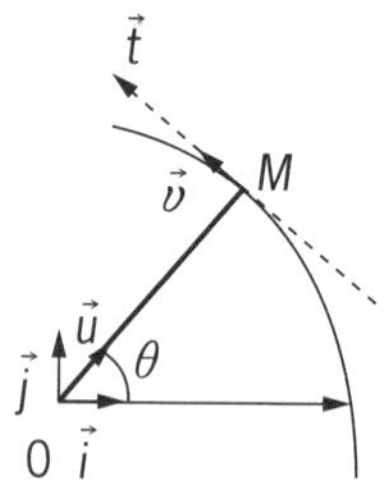

Figure 3-13. Position du vecteur $\vec{v}$ (vitesse linéaire) pour un mouvement de rotation (*OM* = *R*)

Il apparaît que pour une vitesse angulaire donnée, la vitesse linéaire sera dépendante du rayon. Par exemple, lorsqu'un gymnaste réalise à la barre fixe un soleil (rotation vers l'arrière), la vitesse linéaire instantanée de ces pieds est supérieure à celle de ces épaules, alors que la vitesse angulaire instantanée de ces pieds est égale à celle de ces épaules.

En calculant la dérivée par rapport au temps de la vitesse linéaire, nous pouvons définir la relation entre l'accélération linéaire et l'accélération angulaire.

$$\frac{d\vec{v}}{dt} = R\frac{d\dot{\theta}}{dt}\vec{t} + R\dot{\theta}\frac{d\vec{t}}{dt} = R\ddot{\theta}\vec{t} - R\dot{\theta}^2\vec{u} = \vec{a} = \vec{a}_T - \vec{a}_N$$

L'accélération tangentielle est définie par : $a_T = R\ddot{\theta}$

L'accélération normale est définie par : $a_N = R\dot{\theta}^2 = \frac{v^2}{R}$

Lors d'un mouvement de rotation, l'accélération linéaire est composée d'une accélération tangentielle et d'une accélération normale (fig. 3-14). La première dépend de l'accélération angulaire, la deuxième est dépendante de la vitesse angulaire. Aussi, lors d'un mouvement de rotation lorsque la vitesse angulaire est constante, la vitesse linéaire sera constante, l'accélération angulaire sera nulle, et l'accélération linéaire sera définie par l'accélération normale dépendante de la vitesse angulaire. Aussi, lors d'un mouvement de rotation, si la vitesse linéaire est constante, l'accélération n'est pas nécessairement nulle.

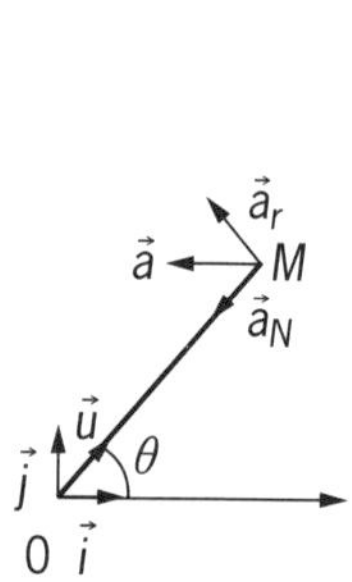

Figure 3-14. Orientation des vecteurs accélérations pour un mouvement de rotation

3 Les différents types de mouvement

Pour des mouvements linéaires et à partir de l'accélération nous pouvons définir trois types de mouvement pour lesquels, les équations horaires (en fonction du temps) de la vitesse et de la position peuvent être déduites par intégration successive de l'accélération.

Mouvement uniforme

Un mouvement uniforme est défini dés lors que l'accélération est nulle. Les équations de la vitesse instantanée et de la position instantanée sont obtenues par intégration successive de l'accélération en fonction du temps.

$$a(t) = 0 \quad v(t) = v_0 \quad x(t) = v_0 t + x_0$$

Nous obtenons ainsi une vitesse instantanée constante qui est égale à la vitesse initiale du mouvement (v_0). La position instantanée sera définie par une relation linéaire ou x_0 correspond à la position initiale (fig. 3-15). Ce type de mouvement n'est que très rarement observé. Toutefois, lors d'une sollicitation isotonique du muscle isolé (chap. 2), le déplacement de la charge se fait suivant un mouvement uniforme.

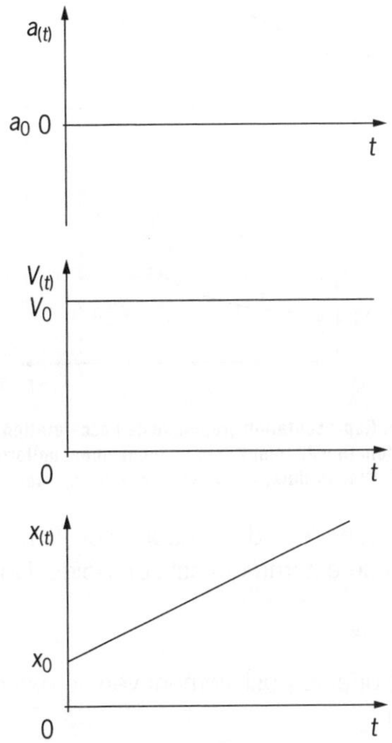

Figure 3-15. Représentation graphique de l'accélération, la vitesse et la position en fonction du temps pour un mouvement uniforme (a_0 = accélération initiale, v_0 = vitesse initiale, x_0 = position initiale)

Mouvement uniformément accéléré

Dans ce type de mouvement, l'accélération est non nulle, constante et positive.

$$a_{(t)} = a_0 \qquad v_{(t)} = a_0 t + v_0 \qquad x_{(t)} = \frac{1}{2} a_0 t^2 + v_0 t + x_0$$

Ce type de mouvement est observé lors de la chute libre d'un corps si l'on considère les frottements nuls. En effet, dans ce cas l'accélération sera égale à la gravité ($g = 9.81\ m.s^{-2}$), et nous pouvons définir les équations du mouvement.

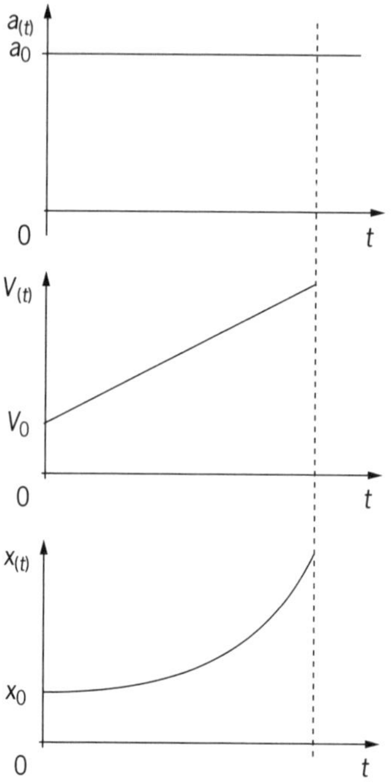

Figure 3-16. Représentation graphique de l'accélération, la vitesse et la position en fonction du temps pour un mouvement uniformément accéléré (a_0 = accélération initiale, v_0 = vitesse initiale, x_0 = position initiale)

Exemple : Un individu saute dans l'eau d'une hauteur de 10 m. Lors de sa phase aérienne, le sujet est soumis à une force externe qui est son poids. Nous avons :

$$\sum \vec{F}_{ext} = m\vec{a} = \vec{P} = m\vec{g} \Rightarrow \vec{a} = \vec{g}$$

Suivant un axe vertical (O_z) orienté positivement vers le bas nous avons :

$$a = g$$

En considérant une vitesse initiale nulle, la vitesse instantanée verticale du sujet est définie par :

$$v_{(t)} = g.t$$

Si la position initiale du sujet z_0 est nulle (origine du repère) la position instantanée au cours du mouvement sera :

$$z_{(t)} = \frac{1}{2} g t^2$$

Nous pouvons déterminer le temps nécessaire au sujet pour atteindre l'eau, ainsi que la vitesse d'arrivée dans l'eau.

Le temps (t_1) pour atteindre l'eau est défini lorsque la position du sujet est égale à 10 m.

$$z_{(t_1)} = 10 = \frac{1}{2}.9,81.t_1^2 \Rightarrow t_1 = \sqrt{\frac{10.2}{9.81}} = 1,42\,s$$

La vitesse d'arrivée dans l'eau correspond à $v_{(t_1)}$.

$$v_{(t_1)} = g.t_1 = 9,81.1,42 = 14\,m.s^{-1}$$

Mouvement uniformément décéléré

Dans ce type de mouvement, l'accélération est non nulle, constante et négative.

$$a(t) = -a_0 \qquad v(t) = -a_0 t + v_0 \qquad x(t) = -\frac{1}{2}a_0 t^2 + v_0 t + x_0$$

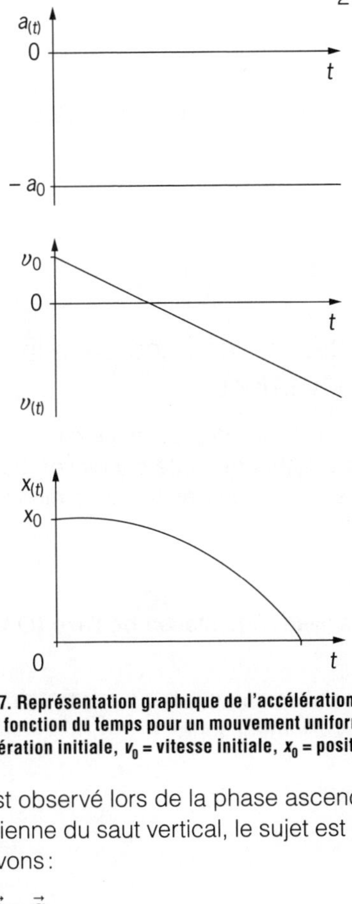

Figure 3-17. Représentation graphique de l'accélération, la vitesse et la position en fonction du temps pour un mouvement uniformément accéléré (a_0 = accélération initiale, v_0 = vitesse initiale, x_0 = position initiale)

Ce type de mouvement est observé lors de la phase ascendante d'un saut vertical. En effet, lors de sa phase aérienne du saut vertical, le sujet est soumis à une force externe qui est son poids. Nous avons :

$$\sum \vec{F}_{ext} = m\vec{a} = \vec{P} = m\vec{g} \Rightarrow \vec{a} = \vec{g}$$

Si l'axe vertical (O_z) est orienté positivement vers le haut, l'accélération sera :

$$a = -g$$

En considérant une vitesse initiale verticale v_0 non nulle et positive, la vitesse instantanée au cours du mouvement sera :

$$v_{(t)} = -gt + v_0$$

Si la position initiale z_0 du sujet est nulle, la position instantanée sera définie par :

$$z_{(t)} = -\frac{1}{2}gt^2 + v_0 t$$

Nous pouvons alors définir le temps t_1 nécessaire au sujet pour arriver au sommet de sa trajectoire, ainsi que la hauteur du saut $z_{(t_1)}$.

Le temps t_1 est défini lorsque la vitesse verticale est nulle, nous avons :

$$v_{(t_1)} = -gt_1 + v_0 = 0 \Rightarrow t_1 = \frac{v_0}{g}$$

La hauteur maximale du saut est :

$$z_{(t_1)} = -\frac{1}{2}gt_1^2 + v_0 t_1 = -\frac{1}{2}g\frac{v_0^2}{g^2} + v_0\frac{v_0}{g} = \frac{v_0^2}{2g}$$

Application numérique : vitesse initiale v_0 est égale à 2,5 m/s :

$$t_1 = \frac{2,5}{9,81} = 0,25\,s$$

$$z_{(t_1)} = \frac{2,5^2}{2.9,81} = 0,31m$$

Importance de l'orientation des axes dans la détermination des équations du mouvement

Vitesse, accélération et position sont des données relatives qui sont dépendantes de l'orientation du repère utilisé. L'effet de cette orientation du repère peut être évalué à partir d'un mouvement aérien. Pour tous les types de mouvements nous avons suivant un axe vertical :

$$\sum \vec{F}ext = m\vec{a} \Leftrightarrow m\vec{g} = m\vec{a} \Leftrightarrow \vec{a} = \vec{g}$$

Nous pouvons envisager suivant l'orientation de l'axe (O_z) et de la vitesse initiale v_0 quatre cas (fig. 3-18) :

1er cas : L'axe est orienté positivement vers le haut et la vitesse initiale est orientée vers le haut. Les équations du mouvement sont :

$$a = -g$$

$$v_{(t)} = -gt + v_0$$

$$z_{(t)} = -\frac{1}{2}gt^2 + v_0 t + z_0$$

Avec z_0 qui correspond à la position initiale.

2e cas : L'axe est orienté positivement vers le haut et la vitesse initiale est orientée vers le bas. Les équations du mouvement sont :

$$a = -g$$

$$v_{(t)} = -gt - v_0$$

$$z_{(t)} = -\frac{1}{2}gt^2 - v_0 t + z_0$$

3e cas : L'axe est orienté positivement vers le bas et la vitesse initiale est orientée vers le haut. Les équations du mouvement sont :

$$a = g$$

$$v_{(t)} = gt - v_0$$

$$z_{(t)} = \frac{1}{2}gt^2 - v_0 t + z_0$$

4e cas : L'axe est orienté positivement vers le bas et la vitesse initiale est orientée vers le bas. Les équations du mouvement sont :

$$a = g$$

$$v_{(t)} = gt + v_0$$

$$z_{(t)} = \frac{1}{2}gt^2 + v_0 t + z_0$$

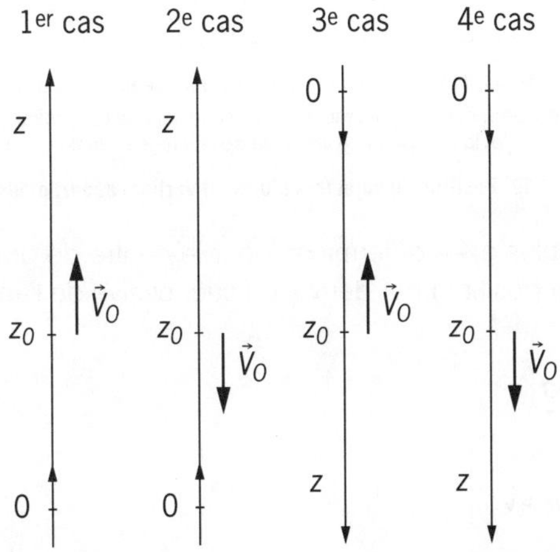

Les équations du mouvement (accélération, vitesse et position) sont définies dans le texte.

Figure 3-18. Orientation de l'axe vertical (O_z) et de la vitesse initiale (v_0) suivant 4 cas (z_0 représente la position initiale)

4 Applications

Mouvement aérien, test de saut vertical

Un sujet réalise un saut vertical départ pieds joints (fig. 3-19). Lors de la phase aérienne, le sujet est soumis à une force externe qui son propre poids. Nous avons donc :

$$\sum \vec{F}_{ext} = m\vec{a} = \vec{P} = m\vec{g} \Rightarrow \vec{a} = \vec{g}$$

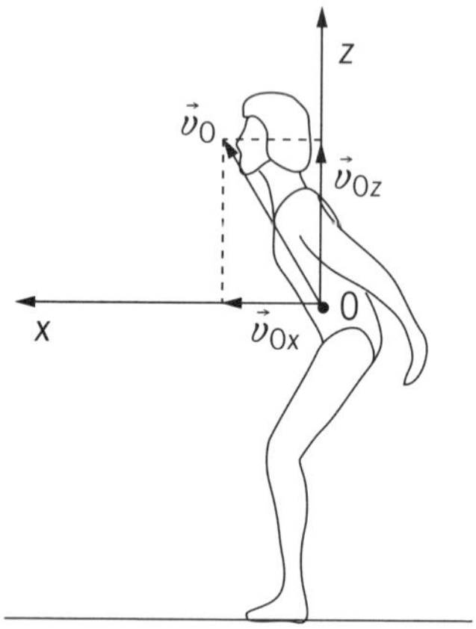

L'origine des axes (point O) est placée au niveau du centre de gravité de l'athlète. $\vec{v}_o, \vec{v}_{0_x}, \vec{v}_{0_y}$ représentent respectivement la vitesse initiale, la composante horizontale, et la composante verticale de la vitesse initiale.

Figure 3-19. Position du sujet lors d'un saut vertical départ pieds joints

Nous pouvons suivant les axes déterminer, pour le centre de gravité, les équations du mouvement (vitesse et position) par dérivation successive de l'accélération.

$$\vec{a} = \vec{g} \Rightarrow \begin{Bmatrix} (Ox) : a_x = 0 \\ (Oz) : a_z = -g \end{Bmatrix}$$

$$\vec{v}_{(t)} \Rightarrow \begin{Bmatrix} (Ox) : v_{x(t)} = v_{0_x} \\ (Oz) : v_{z(t)} = -gt + v_{0_z} \end{Bmatrix}$$

$$\vec{h}_{(t)} \Rightarrow \begin{Bmatrix} (Ox) : x_{(t)} = v_{0_x} t + x_0 \\ (Oz) : z_{(t)} = -\frac{1}{2} g t^2 + v_{0_z} t + z_0 \end{Bmatrix}$$

L'origine des axes est placée au niveau du centre de gravité de l'athlète au début du mouvement. Dans ces conditions, la position initiale (à l'instant $t = 0 = t_0$) est nulle. L'équation de la position du sujet devient :

$$\vec{h}_{(t)} \Rightarrow \begin{Bmatrix} (Ox) : x_{(t)} = v_{0_x} t \\ (Oz) : z_{(t)} = -\frac{1}{2} g t^2 + v_{0_z} t \end{Bmatrix}$$

À partir de ces équations, nous pouvons déterminer le temps (t_1) nécessaire à l'athlète pour arriver au sommet de sa trajectoire. À cet instant, la vitesse verticale du centre de gravité du sujet est nulle, nous avons :

$$v_{z(t_1)} = -gt_1 + v_{0_z} \Rightarrow t_1 = \frac{v_{0_z}}{g}$$

Le temps total (t_2) de la phase aérienne (le temps de suspension) est défini à partir de l'instant ou la position verticale du centre de gravité du sujet est nulle. Nous avons donc :

$$z_{(t_2)} = -\frac{1}{2}gt_2^2 + v_{0_z}t_2 = t_2(-\frac{1}{2}gt_2 + v_{0_z}) = 0$$

Le temps de suspension est : $t_2 = \frac{2v_{0_z}}{g} = 2.t_1$

Le temps total du saut est égal à deux fois le temps de monté t_1. Ce qui signifie que le temps de montée est égal au temps de descente.

Nous pouvons déterminer la hauteur maximale atteinte par le centre de gravité. L'apogée de la trajectoire est atteint par la valeur de la position verticale du centre de gravité à l'instant t_1 :

$$z_{(t_1)} = -\frac{1}{2}gt_1^2 + v_{0_z}t_1 = -\frac{1}{2}g\frac{v_{0_z}{}^2}{g^2} + v_{0_z}\frac{v_{0_z}}{g} = \frac{v_{0_z}{}^2}{2g}$$

La vitesse verticale initiale peut être déterminée à partir du temps de suspension. Nous avons dans ce cas :

$$t_2 = \frac{2v_{0_z}}{g} \Rightarrow v_{0_z} = \frac{g}{2}.t_2$$

La hauteur maximale atteinte par le centre de gravité de l'athlète peut être définie à partir du temps de suspension, nous obtenons :

$$z_{(t_1)} = \frac{v_{0_z}{}^2}{2g} = \frac{1}{2g}.\frac{g^2}{4}.t_2^2 = \frac{1}{8}g.t_2^2$$

Lors d'un saut vertical, il est possible de déterminer la hauteur maximale atteinte par l'athlète en mesurant le temps de suspension. Ceci est rendu possible par l'utilisation de tapis spécifique qui chronomètre la phase aérienne du saut. Notons que la durée de la phase aérienne du saut ne dépend que de la composante verticale de la vitesse initiale.

Exemple :
Un sujet réalise un saut vertical avec une vitesse initiale perpendiculaire au sol (la vitesse initiale est supportée uniquement par l'axe vertical, le sujet se réceptionne à l'endroit de son décollage). Dans ce cas nous avons :

$$\vec{v}_0 = \vec{v}_{0_z} \Rightarrow \vec{v}_{0_x} = \vec{0}$$

Le temps de suspension $t_2 = 0,5\,s$

Dans ces conditions la hauteur maximale atteinte par l'athlète est :

$$z_{(t_1)} = \frac{1}{8}g.t_2^2 = \frac{1}{8}.9,81.0,5^2 = 0,30\,m$$

Et la vitesse initiale sera :

$$v_0 = v_{0_z} = \frac{g}{2}.t_2 = \frac{9,81}{2}.0,5 = 2,45\, m.s^{-1}$$

Maintenant, l'athlète réalise un saut avec la même vitesse initiale mais cette fois, sa vitesse initiale fait un angle α de 45° avec l'axe horizontal (O_x). Dans ce cas, nous avons :

$$\vec{v}_0 = \vec{v}_{0_z} + \vec{v}_{0_x}$$

La vitesse initiale verticale est donc :

$$v_{0_z} = v_0.\sin\alpha = 2,45.\sin 45° = 1,73\, m.s^{-1}$$

Le temps de suspension sera :

$$t_2 = \frac{2v_{0_z}}{g} = \frac{2.1,73}{9,81} = 0,35\, s$$

La hauteur maximale atteinte sera alors de :

$$z_{(t_1)} = \frac{1}{8}g.t_2^2 = \frac{1}{8}.9,81.0,35^2 = 0,15\, m$$

À partir de cet exemple, nous avons montré que pour une vitesse initiale identique, le temps de suspension ainsi que la hauteur maximale atteinte par le centre de gravité sont obtenus dès lors que la vitesse initiale est supportée par l'axe vertical (le sujet se réceptionne à l'endroit de son décollage).

Rebond d'un ballon

On lâche verticalement, d'une certaine hauteur, un ballon au sol (fig. 3-20). Nous avons :

$$\sum \vec{F}_{ext} = m\vec{a} = \vec{P} = m\vec{g} \Rightarrow \vec{a} = \vec{g}$$

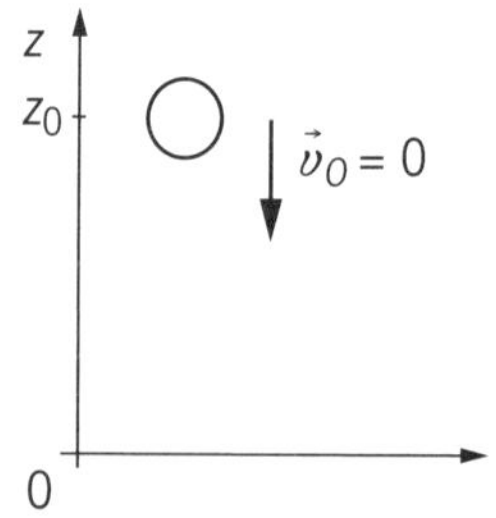

Figure 3-20. Représentation d'un ballon lâché au sol d'une hauteur z_0

Le mouvement n'est réalisé que suivant l'axe vertical O_z. Nous définissons les équations du mouvement par intégration successive de l'accélération.

$$a = -g$$

$$v_{(t)} = -gt + v_0$$

$$z_{(t)} = -\frac{1}{2}gt^2 + v_0 t + z_0$$

La vitesse initiale est nulle nous avons donc :

$$v_{(t)} = -gt$$

$$z_{(t)} = -\frac{1}{2}gt^2 + z_0$$

Nous pouvons déterminer le temps (t_1) nécessaire pour que le ballon atteigne le sol. Dans ce cas nous avons :

$$z_{(t_1)} = -\frac{1}{2}gt_1^2 + z_0 \Rightarrow t_1 = \sqrt{\frac{2z_0}{g}}$$

La vitesse d'arrivée au sol du ballon est :

$$v_{(t_1)} = v_1 = -gt_1 = -g.\sqrt{\frac{2z_0}{g}} = \sqrt{2z_0.g}$$

À partir du coefficient *e* de restitution du ballon, qui correspond au rapport entre la vitesse de décollage du sol et la vitesse d'arrivée au sol, nous pouvons déterminer la vitesse de décollage du ballon ($\vec{v}_2$) (fig. 3-21).

$$e = \frac{v_2}{v_1} \Rightarrow v_2 = e.v_1 = e.\sqrt{2z_0.g}$$

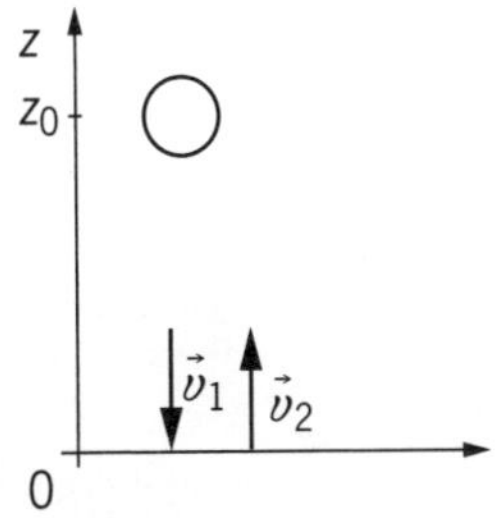

Figure 3-21. Représentation des vecteurs vitesses d'arrivée et de décollage du sol d'un ballon

Pour décrire la phase ascendante du ballon nous redéfinissons les équations du mouvement, avec une position initiale du ballon nulle et une vitesse initiale égale à $\vec{v}_2$. Nous avons donc :

$$a = -g$$

$$v_{(t)} = -gt + v_2$$

$$z_{(t)} = -\frac{1}{2}gt^2 + v_2t$$

Le temps nécessaire pour que le ballon atteigne sa hauteur maximale est défini par :

$$v_{(t_2)} = -gt_2 + v_2 = 0 \Rightarrow t_2 = \frac{v_2}{g} = \frac{e\sqrt{2z_0.g}}{g} = e\sqrt{\frac{2z_0}{g}} = e.t_1$$

Le temps t_2 représente le temps nécessaire au ballon pour aller du sol à sa hauteur maximale. Le temps pour que le ballon atteigne sa hauteur maximale au cours du premier rebond par rapport à l'instant du lâcher est :

$$t = t_1 + t_2 = t_1.(e + 1)$$

La hauteur maximale atteinte par le ballon sera :

$$z_{(t_2)} = -\frac{1}{2}gt_2^2 + v_2t_2 = -\frac{1}{2}g.e^2.t_1^2 + v_2.e.t_1$$

En remplaçant t_1 et v_2 par leur valeur nous avons :

$$v_2 = e\sqrt{2z_0g}$$

$$t_1 = \sqrt{\frac{2z_0}{g}}$$

$$\Rightarrow z_{(t_2)} = t_1.e\left(-\frac{1}{2}.e.\sqrt{2z_0g} + e.\sqrt{2z_0g}\right) = t_1\frac{e^2}{2}\sqrt{2z_0g} = \sqrt{\frac{2z_0}{g}}.\frac{e^2}{2}.g.\sqrt{\frac{2z_0}{g}} = z_0.e^2$$

À partir de cet exemple, nous montrons qu'il suffit de connaître la hauteur initiale de lâcher du ballon ainsi que le coefficient de restitution pour déterminer la hauteur à laquelle le ballon va remonter à l'issue du premier rebond.

Application numérique :

Le ballon est lâché d'une hauteur de 1 m et le coefficient de restitution est de 0,6.

$$t_1 = \sqrt{\frac{2z_0}{g}} = \sqrt{\frac{2}{9,81}} = 0.45\ s$$

$$v_1 = \sqrt{2z_0g} = \sqrt{2.9,81} = 4,42\ m.s^{-1}$$

$$v_2 = e.v_1 = 0,6.2,42 = 2,65\ m.s^{-1}$$

$$t_2 = e.t_1 = 0,6.0,45 = 0,27\ s$$

$$z_{(t_2)} = z_0.e^2 = 0,6^2 = 0,36\ m$$

EXERCICES

EXERCICE 3.1.

Les vitesses de déplacement d'un athlète pendant sa phase d'échauffement juste avant sa course sont représentées sur la figure 1. À partir de cette figure vous devez :

1. Représenter le graphique de l'accélération instantanée en fonction du temps pour cette période d'échauffement.
2. Représenter le graphique de la position instantanée en fonction du temps pour cette période d'échauffement.
3. Identifier les phases accélérées et décélérées du déplacement.
4. Calculer la distance totale parcourue ainsi que la vitesse moyenne de cette période d'échauffement.
5. À la fin de la période d'échauffement à quelle distance par rapport à sa position initiale l'athlète se trouve-t-il ?

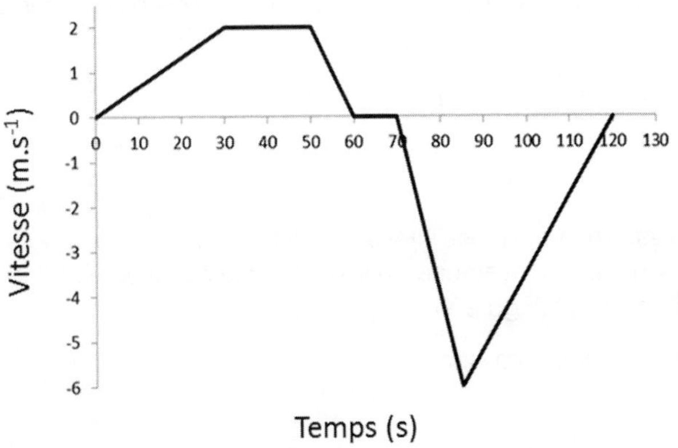

Figure 1. Évolution de la vitesse de déplacement rectiligne d'un athlète lors de sa période d'échauffement

EXERCICE 3.2.

Un cycliste pédale à une vitesse de 90 tours par minute. Exprimez cette vitesse en °/s et en rad/s. Sachant qu'il pédale avec un rapport de 56 : 14 (56 = nombre de dent pour le plateau du pédalier, 14 = nombre de dent pour le pignon de la roue) et que le rayon des roues est de 350 mm, calculez sa vitesse de déplacement en $m.s^{-1}$ puis en $km.h^{-1}$.

EXERCICE 3.3.

Deux amis « A » et « B » s'élancent d'un sautoir situé 20 m au-dessus d'un plan d'eau. Au moment de l'envol, leurs vitesses initiales verticales sont nulles, et leurs vitesses initiales horizontales sont respectivement de 4 $m.s^{-1}$ pour A et 6 $m.s^{-1}$ pour B.

Dans cette situation, nous négligerons les frottements de l'air (g = 9,81 $m.s^{-2}$) :

1. Qui touchera l'eau en premier ?
2. Déterminer le temps de la chute libre (temps nécessaire pour atteindre l'eau).
3. À quelles distances horizontales de leurs points d'appel chacun entrera-t-il dans l'eau ?
4. Quelles seront leurs vitesses au moment de leur entrée dans l'eau ?

EXERCICE 3.4.

Un rugbyman tape un drop à 30 m des poteaux. Sachant que le ballon atteint sa hauteur maximale à 1 m au-dessus de la barre transversale elle-même située à 3 m du sol, quelle est la vitesse initiale et l'angle d'envol du ballon ? Un défenseur situé à 6 m du joueur peut-il contrer ce drop ?

Les frottements de l'air sont négligés et $g = 9{,}81 m.s^{-2}$

EXERCICE 3.5.

Un poids (1 kg) est lancé avec une vitesse initiale $v_0 = 5 m.s^{-1}$, un angle d'envol α = 20°, et d'une hauteur de 1,5 m, avec une position horizontale située à 20 cm en avant de la zone circulaire de lancer (Figure 1).

Quelle est la performance réalisée ?

(g = 9,81 $m.s^{-2}$)

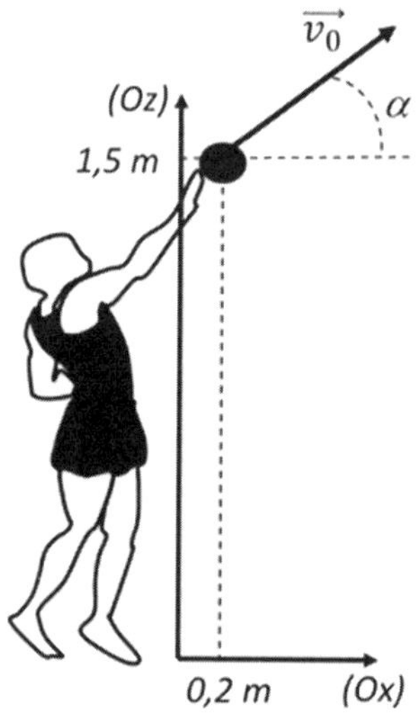

Figure 1. Position initiale du poids

CHAPITRE 4

ANALYSE DYNAMIQUE DU GESTE SPORTIF

1 Rappels de dynamique

Quantité de mouvements d'un corps

Définition

Le centre de gravité G d'un corps composé de n segments i est défini par :

$$m.\overrightarrow{OG} = \sum_{i=1}^{n} m_i.\overrightarrow{OG_i}\,,$$

m_i: masse du segment i, $m = \sum_{i=1}^{n} m_i$: masse totale du corps, G_i: centre de gravité du segment i.

En dérivant par rapport au temps, on obtient la quantité de mouvement du corps en G, notée p_G:

$$\vec{p}_G = m.\frac{d\overrightarrow{OG}}{dt} = \sum_{i=1}^{n} m_i.\frac{d\overrightarrow{OG_i}}{dt}$$

$$\boxed{\vec{p}_G = m\vec{V}_G = \sum_{i=1}^{n} m_i.\vec{V}_{Gi}(kg.m.s^{-1})}$$

La quantité de mouvement p_G est égale au produit de la masse par la vitesse du centre de gravité.

$\vec{p}_G = \sum_{i=1}^{n} \vec{p}_i$: La quantité de mouvement du centre de gravité est égale à la somme des quantités de mouvement des différentes parties du corps.

Théorème de la quantité de mouvement – Principe fondamental de la dynamique en translation

THÉORÈME DE LA QUANTITÉ DE MOUVEMENT

La dérivée de la quantité de mouvement par rapport au temps est égale à la somme des forces extérieures :

$$\frac{d\vec{p}_G}{dt} = \sum \vec{F}_{ext}$$

$$m.\frac{d\vec{V}_G}{dt} = \sum \vec{F}_{ext}$$, V_G : Vitesse du centre de gravité (CdG)

Soit :

$$m.\vec{a}_G = \sum \vec{F}_{ext}$$, a_G : Accélération du centre de gravité

PRINCIPE FONDAMENTAL DE LA DYNAMIQUE (PFD) EN TRANSLATION

La somme des forces extérieures est égale au produit de la masse par l'accélération du CdG du corps : $m.\vec{a}_G = \sum \vec{F}_{ext}$

Donc, le mouvement en translation du CdG est complètement déterminé si l'on connaît les forces extérieures qui s'appliquent sur le corps.

Loi de conservation de la quantité de mouvement

Si aucune force externe n'agit sur le système, la quantité de mouvement reste constante :

$$\sum \vec{F}_{ext} = 0 \text{ i.e. } \frac{d\vec{p}_G}{dt} = 0 \text{ donc } \vec{p}_G = \sum_{i=1}^{n} \vec{p}_i = \text{constante}$$

$$\boxed{\sum \vec{F}_{ext} = 0 \Rightarrow m\vec{V}_G = \sum_{i=1}^{n} m_i.\vec{V}_{Gi} = \text{constante}}$$

Applications

Cette loi de conservation de la quantité de mouvement est souvent utilisée quand on cherche à déterminer la vitesse de deux corps après un choc, connaissant les vitesses de déplacement avant le choc.

Exemples : Exercices 4.1 et 4.2

Moment cinétique d'un corps

Définition

Le moment cinétique $L_{/O}$ d'un corps par rapport à un point O est égal au moment de la quantité de mouvement, on montre qu'il est aussi égal à la somme du moment cinétique de son CdG et des moments cinétiques des parties du corps par rapport à G :

$$\vec{L}_{/O} = \overrightarrow{OG} \wedge m\vec{V}_G + \sum_{i=1}^{n} \overrightarrow{GG_i} \wedge m_i.\vec{V}_{Gi/G}$$

Remarque :

Si O et G sont confondus alors :

$\overrightarrow{OG} = \overrightarrow{GG} = 0$, donc

$$\vec{L}_{/G} = \sum_{i=1}^{n} \overrightarrow{GG_i} \wedge m_i.\vec{V}_{Gi/G}$$

Si un sujet garde la même posture dans l'espace, le moment cinétique s'écrit simplement :

$$\boxed{L_{/G} = I_G.\omega}$$

I_G : Moment d'inertie du corps par rapport à un axe de rotation passant par le CdG du corps (kg.m^2)

ω : vitesse angulaire (*rad.s*$^{-1}$)

Théorème du moment cinétique – Principe fondamental de la dynamique en rotation

THÉORÈME DU MOMENT CINÉTIQUE

La dérivée du moment cinétique par rapport au temps est égale à la somme des moments des forces extérieures :

$$\frac{d\vec{L}_{/G}}{dt} = \sum \vec{M}_{/G}(\vec{F}_{ext})$$

or :

$$\frac{d\vec{L}_{/G}}{dt} = \frac{d(I_G.\vec{\omega})}{dt} = I_G.\frac{d\vec{\omega}}{dt}$$

si θ : position angulaire, $\omega = \frac{d\theta}{dt} = \dot{\theta}$: vitesse angulaire, $\frac{d\omega}{dt} = \frac{d\dot{\theta}}{dt^2} = \ddot{\theta}$ accélération angulaire

Donc :

$$\frac{d\vec{L}_{/G}}{dt} = I_G.\frac{d^2\theta}{dt^2} \qquad I_G.\vec{\ddot{\theta}} = \sum \vec{M}_{/G}(\vec{F}_{ext})$$

PRINCIPE FONDAMENTAL DE LA DYNAMIQUE (PFD) EN ROTATION

La somme des moments des forces extérieures est égale au produit du moment d'inertie I_G par l'accélération angulaire du CdG du corps $(\ddot{\theta})$: $I_G.\vec{\ddot{\theta}} = \sum \vec{M}_{/G}(\vec{F}_{ext})$

Donc, le mouvement en rotation du CdG est complètement déterminé si l'on connaît les moments des forces extérieures qui s'appliquent sur le corps.

Loi de conservation du moment cinétique

Si aucun moment de forces extérieures n'agit sur le corps :

$$\sum \vec{M}_{/G}(\vec{F}_{ext}) = \vec{0} \text{ i.e. } \frac{d\vec{L}_{/G}}{dt} = 0 \text{ donc : } L_{/G} = I_G.\omega = \text{ constante}$$

$$\sum \vec{M}_{/G}(\vec{F}_{ext}) = \vec{0} \Rightarrow I_G.\omega = \text{ constante}$$

CAS PARTICULIER DU MOUVEMENT AÉRIEN

Lors de la phase aérienne d'un mouvement, la seule force extérieure qui agit sur le sujet est le poids $\vec{P}$ qui s'applique en *G*, le moment du poids par rapport à *G* étant nul, le produit $I_G.\omega$ reste constant.

Tout changement d'inertie entraîne donc une modification de la vitesse de rotation. Exemple, si l'inertie diminue (posture du corps « groupée ») la vitesse de rotation augmente et vice et versa ; une posture corps « tendu » va faire diminuer la vitesse de rotation.

Applications

Cette loi de conservation du mouvement cinétique est souvent utilisée quand on cherche à déterminer le changement de vitesse de rotation d'un corps consécutive au changement de forme (d'inertie) de celui-ci pendant une phase aérienne.

Exemples : Exercices 4.3 et 4.4

2 Principe de mesure d'une plate-forme de forces

Description technique d'une plate-forme de forces

Une plate-forme de forces (PFF) est généralement constituée de deux structures rigides indéformables reliées par des capteurs de forces. La structure inférieure encastrée tient lieu de cadre rigide. La surface supérieure est un plateau qui sert de support aux appuis (fig. 4-1). Les capteurs de force, en général au nombre de quatre, sont des transducteurs, c'est-à-dire qu'ils transforment une action mécanique en un signal électrique (capteurs à jauges de contrainte ou piézoélectriques). Les 4 capteurs $C_{i,\, i=1 \text{ à } 4}$ tridimensionnels mesurent les forces de réaction du sol suivant les trois directions de l'espace : R_{xi}, R_{yi} et R_{zi}.

La réaction globale $\vec{R}$ est obtenue en additionnant les 4 valeurs de chaque capteur : $\vec{R} = \vec{R}_x + \vec{R}_y + \vec{R}_z$

$$R_x = \sum_{i=1}^{4} R_{xi} = R_{x1} + R_{x2} + R_{x3} + R_{x4}$$

$$R_y = \sum_{i=1}^{4} R_{yi} = R_{y1} + R_{y2} + R_{y3} + R_{y4}$$

$$R_z = \sum_{i=1}^{4} R_{zi} = R_{z1} + R_{z2} + R_{z3} + R_{z4}$$

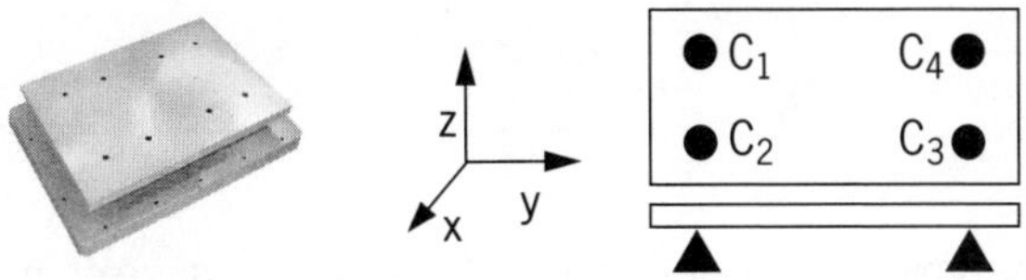

Figure 4-1. Plate-forme de forces à 4 capteurs, (*x*,*y*) plan de la Plate-forme, (O_z) verticale

Mouvement en translation du centre de gravité

Le principe fondamental de la dynamique (PFD) appliqué au centre de gravité (*G*) d'un sujet se trouvant sur une PFF s'écrit :

$$\sum \vec{F}_{ext} = m.\vec{a}_G$$

$$\vec{P} + \vec{R} = \sum \vec{F}_{ext} = m.\vec{a}_G \quad (1)$$

Le poids *P* du sujet se détermine facilement par une mesure en statique :

(sujet immobile sur la PFF : $\vec{a}_G = \vec{0}$

$$\vec{P} + \vec{R} = \vec{0}$$

En projection sur l'axe vertical (O_z)

$$-P + R_z = 0$$

$$R_z = P = m.g$$

Les composantes de la réaction du sol $\vec{R}$ sont données par les capteurs de force, on peut donc connaître les composantes de l'accélération $\vec{a}_G$ dans les 3 directions de l'espace.

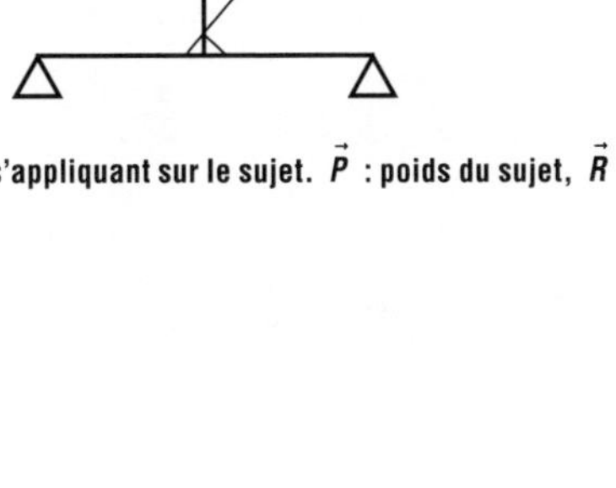

Figure 4-2. Forces s'appliquant sur le sujet. $\vec{P}$: poids du sujet, $\vec{R}$: réaction de la PFF

L'équation (1) en projection dans un repère (O_{xyz}) donne :

$$R_x = m.a_{Gx} \quad i.e. \quad a_{Gx} = \frac{R_x}{m}$$

$$R_y = m.a_{Gy} \quad i.e. \quad a_{Gy} = \frac{R_y}{m}$$

$$R_z - m.g = m.a_{Gz} \quad i.e. \quad a_{Gz} = \frac{R_z - m.g}{m}$$

> On peut assimiler une plate-forme de forces à un « *accéléromètre* » qui serait placé au niveau du CdG du sujet.

La vitesse du CdG se calcule en intégrant l'accélération du CdG par rapport au temps :

$$V_{Gx}(t) = \int_{t_0}^{t} a_{Gx}.dt + V_{Gx0} = \int_{t_0}^{t} \frac{R_x}{m}.dt + V_{Gx0}$$

$$V_{Gy}(t) = \int_{t_0}^{t} a_{Gy}.dt + V_{Gy0} = \int_{t_0}^{t} \frac{R_y}{m}.dt + V_{Gy0}$$

$$V_{Gz}(t) = \int_{t_0}^{t} a_{Gz}.dt + V_{Gz0} = \int_{t_0}^{t} \frac{R_z}{m}.dt + V_{Gz0}$$

avec V_{Gx0}, V_{Gy0}, V_{Gz0} : composantes du vecteur vitesse à l'instant t_0, *i.e.* au début du mouvement.

La position du CdG se calcule en intégrant la vitesse du CdG par rapport au temps :

$$X_G(t) = \int_{t_0}^{t} V_{Gx}.dt + X_{G0} \; ; \; Y_G(t) = \int_{t_0}^{t} V_{Gy}.dt + Y_{G0} \; ; \; Z_G(t) = \int_{t_0}^{t} V_{Gz}.dt + Z_{G0}$$

avec X_{G0}, Y_{G0}, Z_{G0} : positions du CdG à l'instant t_0.

Remarque : La PFF renseigne sur la cinématique du CdG du sujet (accélération, vitesse, position) mais ne permet pas de distinguer la participation des différents segments au mouvement.

Le centre des forces de pression ou centre de pression (CP)

Le centre de pression CP est le barycentre des forces verticales, c'est aussi le point d'application de la résultante des forces au sol.

Les coordonnées du CP dans le repère (*Oxy*) correspondant au plan de la plate-forme de forces (4 capteurs de force) sont égales à :

$$X_{CP} = \frac{\sum_{i=1}^{4} R_{zi}.x_i}{\sum_{i=1}^{4} R_{zi}} \qquad Y_{CP} = \frac{\sum_{i=1}^{4} R_{zi}.y_i}{\sum_{i=1}^{4} R_{zi}}$$

x_i et y_i : Coordonnées du capteur $C_{i,\, i=1 \grave{a} 4}$ dans le repère (Oxy)

R_{zi} : Valeur de la force verticale mesurée par le capteur C_i

Applications

Voir exercice 4.5

3 L'impulsion

Définition de l'impulsion

Le principe fondamental de la dynamique s'écrit :

$$m.\vec{a}_G = \sum \vec{F}_{ext}$$

$$m.\frac{d\vec{V}_G}{dt} = \sum \vec{F}_{ext}$$

$$m.d\vec{V}_G = \sum \vec{F}_{ext}.dt \quad (1)$$

Si on intègre l'équation (1) entre l'instant initial du mouvement t_0 et l'instant de décollage t_{off}, on obtient l'impulsion, qui est un vecteur souvent noté $\vec{J}$ pour éviter de la confondre avec l'inertie I :

$$\vec{J} = \int_{t_0}^{t_{off}} m.d\vec{V}_G = \int_{t_0}^{t_{off}} \sum \vec{F}_{ext}.dt$$

$$\boxed{\vec{J} = m.\left[\vec{V}_{off} - \vec{V}_0\right] = \int_{t_0}^{t_{off}} \sum \vec{F}_{ext}.dt}$$

L'impulsion peut s'exprimer en $kg.m.s^{-1}$ mais l'unité usuelle est le $N.s$

L'impulsion correspond donc :

- Soit au produit de la masse par la variation de vitesse du CdG du sujet.
- Soit à l'intégrale de la résultante des forces extérieures qui agissent sur le corps.

En vecteur : $\vec{J} = \vec{J}_x + \vec{J}_y + \vec{J}_z$

En norme : $J = \sqrt{J_x^2 + J_y^2 + J_z^2}$

Les 3 composantes du vecteur impulsion dans un repère (O_{xyz}) sont égales à :

$$J_x = m.\left[Vx_{off} - Vx_0\right] = \int_{t_0}^{t_{off}} \sum Fx_{ext}\, dt$$

$$J_y = m.\left[Vy_{off} - Vy_0\right] = \int_{t_0}^{t_{off}} \sum Fy_{ext}\, dt$$

$$J_z = m.\left[Vz_{off} - Vz_0\right] = \int_{t_0}^{t_{off}} \sum Fz_{ext}\, dt$$

Dans la plupart des cas, les seules forces extérieures qui s'exercent sur le sujet sont le poids $\vec{P}$ et la réaction du sol $\vec{R}$, donc $\sum \vec{F}_{ext} = \vec{P} + \vec{R}$ et :

$$J_x = \int_{t_0}^{t_{off}} R_x.dt$$

$$J_y = \int_{t_0}^{t_{off}} R_y.dt$$

$$J_z = \int_{t_0}^{t_{off}} (R_z - mg).dt$$

Détermination expérimentale de l'impulsion

En pratique, on détermine l'impulsion par deux méthodes :

- À partir d'une analyse cinématique (vidéo), on peut mesurer V_{off} et V_0 puis calculer l'impulsion à partir de la formule $\vec{J} = m.\left[\vec{V}_{off} - \vec{V}_0\right]$.
- Avec une plate-forme de forces, on peut déterminer la réaction du sol $\vec{R}$ puis calculer l'impulsion à partir de la formule : $\vec{J} = \int_{t_0}^{t_{off}} (\vec{R} + \vec{P}).dt$.

La méthode utilisant une plate-forme de forces est la plus utilisée, elle est aussi plus précise que la méthode utilisant la mesure de la vitesse par vidéo.

4 Études des sauts standardisés sur plate-forme de forces

Description des sauts standardisés

L'analyse des sauts est réalisée sur l'axe vertical uniquement.

Le squat jump (SJ)

Position de départ : genoux fléchis (en général à 90°), mains sur les hanches pendant toute la durée du saut. Extension vers le haut (fig. 4-4).

Actions musculaires : Contraction concentrique des muscles extenseurs du genou (quadriceps) et des fléchisseurs plantaires (triceps sural). Détente, réception jambes tendues avec phase d'amortissement et retour à la position debout.

En pratique, ce saut est difficile à réaliser correctement car il existe souvent un léger contre-mouvement vers le bas involontaire avant l'extension.

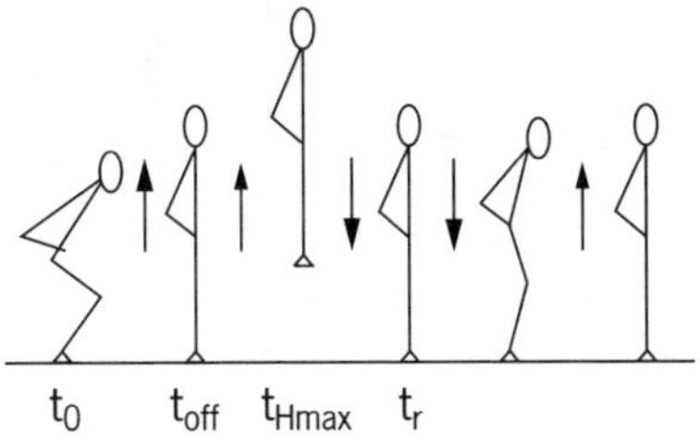

t_0 : début du mouvement, t_{off} : décollage, t_{Hmax} : hauteur maximale du saut, t_r : réception au sol

Figure 4-4. Squat jump

Le saut avec contre-mouvement ou Counter Movement Jump (CMJ)

Position de départ : debout immobile, mains sur les hanches.

Flexion vers le bas jusqu'à un angle d'environ 90° puis extension le plus rapidement possible (fig 4-5).

Actions musculaires : Relâchement musculaire, légère contraction concentrique des muscles fléchisseurs du genou (ischio-jambiers) au départ puis contraction excentrique des muscles extenseurs du genou en fin de flexion ; action concentrique de ces mêmes muscles et des muscles fléchisseurs plantaires pendant l'extension. L'enchaînement contraction excentrique puis concentrique constitue une action pliométrique.

Détente, réception jambes tendues avec phase d'amortissement et retour à la position debout.

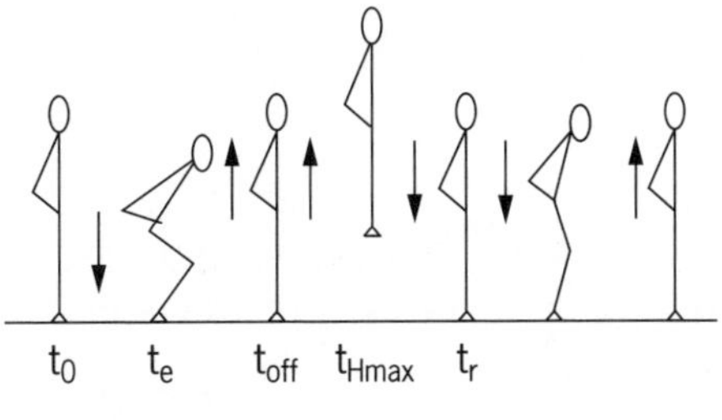

t_0 : début du mouvement, t_e : flexion maximale, t_{off} : décollage, t_{Hmax} : hauteur maximale du saut, t_r : réception au sol.

Figure 4-5. Saut avec contre-mouvement

Le saut en contrebas ou Drop Jump (DJ)

Position de départ : Debout immobile sur une estrade. Le sujet se laisse tomber de l'estrade et arrive au sol jambes tendues avec une vitesse qui dépend de la hauteur de l'estrade au départ, réception, flexion et extension le plus rapidement possible (fig. 4-6).

Les actions musculaires sont similaires au CMJ ; cependant de part la chute, la contraction concentrique les ischio-jambiers est moindre mais la contraction excentrique des quadriceps en fin de flexion est plus importante. L'effet pliométrique est amplifié, ce qui peut être plus traumatisant par rapport au CMJ.

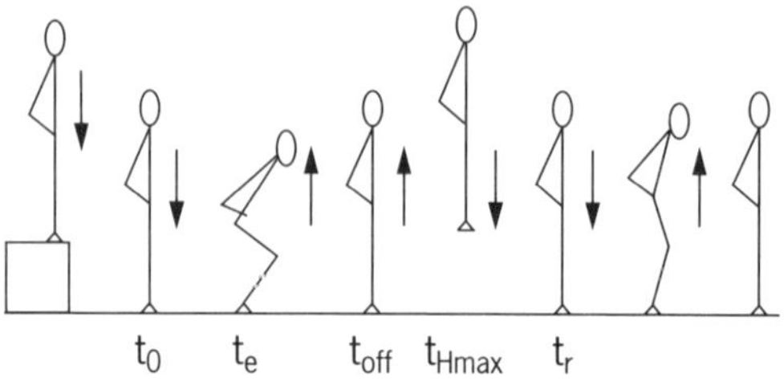

t_0 : début du mouvement sur la plate-forme de forces, t_e : flexion maximale, t_{off} : décollage, t_{Hmax} : hauteur maximale du saut, t_r : réception au sol

Figure 4-6. Saut en contrebas

Remarque :
Ces trois sauts peuvent aussi être réalisés « avec les bras », *i.e.* sans garder les mains sur les hanches.

Enregistrement des forces au sol lors des sauts standardisés

La description des sauts sera uniquement faite suivant l'axe vertical (O_z) orienté positivement vers le haut.

Le principe fondamental de la dynamique appliqué au CdG du sujet s'écrit :

$$\vec{R} + \vec{P} = m.\vec{a}_G$$

soit en projection sur l'axe (O_z) :

$$R_z(t) - m.g = m.a_z(t)$$

$$a_z(t) = \frac{R_z(t) - m.g}{m}$$

Remarque :
L'allure de la fonction représentant l'accélération verticale du CdG en fonction du temps $a_z(t)$ au cours du mouvement est la même que celle représentant la réaction du sol verticale $R_z(t)$ à la constante mg près.

Le squat jump (fig. 4-7)

Avant le début du mouvement (à t_0)

Le sujet est immobile sur la PFF, en position genoux fléchis : $a_z(t) = 0$ donc :

$$R_z(t) - m.g = 0$$

$$R_z(t) = m.g$$

Phase d'extension [t_0 à t_{off}]

Le sujet accélère vers le haut, la vitesse et l'accélération du CdG sont positives orientées vers le haut :

$V_z(t) > 0$, $a_z(t) > 0$, donc $R_z(t) > m.g$

L'accélération est maximale avant que le sujet quitte le sol.

La vitesse est maximale quand sa dérivée (*i.e.* l'accélération) est nulle, soit juste avant que le sujet quitte le sol.

À l'instant où le sujet quitte le sol (t_{off}) : $R_z = 0$; $a_{Gz} = -g$; $V_z = V_{zoff}$

En fonction des conditions de réalisation du mouvement, V_{zoff} peut être légèrement inférieur à la vitesse maximale atteinte lors de l'extension. En effet, la levée des talons peut faire diminuer légèrement la vitesse du CdG en fin d'impulsion.

Phase aérienne [t_{off} à t_r] : $R_z = 0$

L'accélération du sujet est égale à l'accélération de la gravité :

$a_z = -g$

$V_z(t) = -g.t + Vz_{off}$

$Z_G(t) = -\frac{1}{2}.g.t^2 + Vz_{off}.t + Z_{off}$ (Z_{off} = position du CdG à t_{off})

Le CdG atteint son altitude maximale Z_{max} quand $V_z = 0$ *i.e.* à l'instant $t = \frac{Vz_{off}}{g}$

Z_{max} est alors égal à :

$$Z_{max} = -\frac{1}{2}.g.\left(\frac{Vz_{off}}{g}\right)^2 + V_{zoff}.\frac{Vz_{off}}{g} + Z_{off} = \frac{1}{2}.\frac{Vz^2_{off}}{g} + Z_{off}$$

Si on considère l'origine de l'altitude la position du CdG au départ du saut :

$Z_{off} = 0$

alors :

$$\boxed{Z_{max} = \frac{Vz^2_{off}}{2g}}$$

Phase de réception au sol ($t > t_r$)

La réception du sujet au sol s'accompagne d'un pic de force R_z.

Suite à la réception, le sujet se freine. La vitesse de son CdG est orientée vers le bas mais l'accélération doit être de sens opposé, c'est-à-dire vers le haut (*i.e.* positive) ce qui permet au sujet de ralentir. Après une phase de stabilisation, on retrouve $R_z(t) = m.g$.

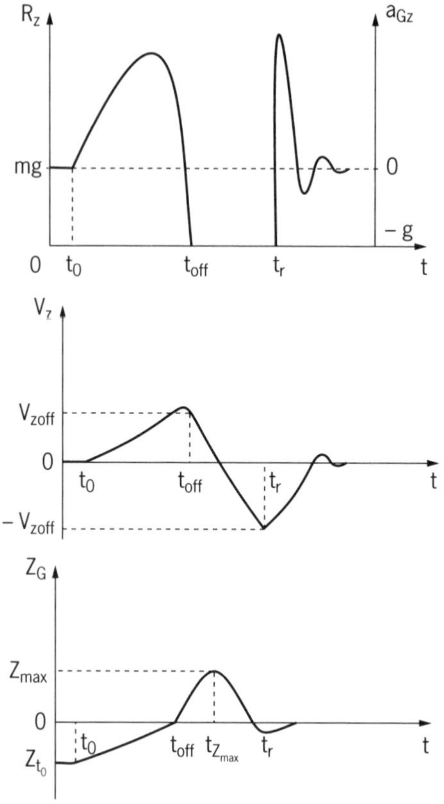

t_0 : début du mouvement, t_{off} : décollage, t_{Zmax} : hauteur maximale du saut, t_r : réception au sol

Figure 4-7. Allure de la réaction du sol R_z, de la vitesse V_z et de la position Z_G du CdG lors d'un squat jump

Le saut avec contre-mouvement (fig. 4-8)

Avant le début du mouvement

Le sujet est debout immobile sur la PFF : $a_z(t) = 0$

donc

$R_z(t) - m.g = 0$

$R_z(t) = m.g$

Phase de flexion [t_0 à t_e]

De t_0 à t_2 : le sujet accélère vers le bas, la vitesse et l'accélération du CdG sont donc orientées vers le bas et négatives : $V_z(t) < 0$, $a_z(t) < 0$ donc $R_z(t) < m.g$

De t_2 à t_e : le sujet ralentit pour freiner la descente, la vitesse du CdG est toujours orientée vers le bas mais l'accélération doit être orientée dans le sens inverse à la vitesse c'est-à-dire vers le haut : $V_z(t) < 0$, $a_z(t) > 0$ donc $R_z(t) > mg$.

t_e correspond à l'instant où le sujet est en flexion maximale ; à cet instant, la vitesse est nulle :

$Vz(t_e) = 0$ et $Z_G(t_e) = Z_{mini}$

Phase d'extension [t_e à t_{off}]

Le sujet accélère vers le haut, la vitesse et l'accélération du CdG sont positives orientées vers le haut : $V_z(t) > 0$, $a_z(t) > 0$ et donc $R_z(t) > m.g$.

Cette phase est similaire à celle du SJ, sauf que la valeur de R_z quand l'extension commence $R_z(t_e)$ est supérieure à $m.g$ et donc que l'accélération du CdG n'est pas nulle mais positive.

Le sujet quitte le sol à l'instant t_{off} avec une vitesse Vz_{off}

Phase aérienne [t_{off} à t_r] et phase de réception au sol ($t > t_r$)

Idem Squat Jump

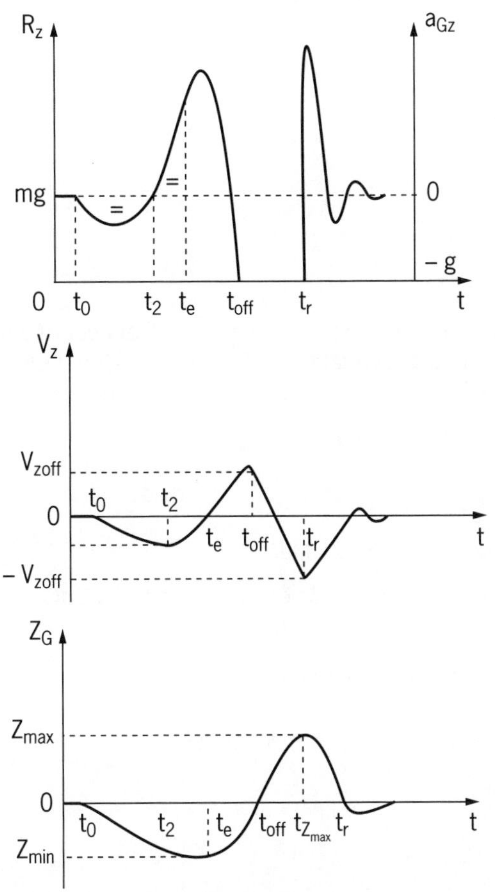

t_0 : début du mouvement, t_2: fin d'accélération vers le bas et début du freinage, t_e : flexion maximale, t_{off}: décollage, t_{Zmax} : hauteur maximale du saut, t_r : réception au sol

Figure 4-8. Allure de la réaction du sol R_z, de la vitesse V_z et de la position Z_G du CdG lors d'un CMJ

Le saut en contrebas (fig. 4-9)

Avant le début du mouvement

Le sujet est debout immobile sur une estrade de hauteur H_0, il se laisse tomber vers l'avant et touche la plate-forme de forces à l'instant t_0. La vitesse du CdG à l'instant t_0 dépend de la hauteur de l'estrade et, est égale à : $Vz(t_0) = -\sqrt{2gH_0}$

En effet, pendant la chute :

$a_z = -g$

$V_z(t) = g.t$

$Z_G(t) = -\frac{1}{2}.g.t^2 + H_0$

Quand le sujet arrive sur la PFF à l'instant t_0: $Z_G(t_0) = 0$

donc : $-\frac{1}{2}.g.t_0^{\,2} + H_0 = 0$ soit à l'instant $t_0 = \sqrt{\frac{2H_0}{g}}$

En remplaçant dans l'équation de $V_z(t)$, on obtient :

$V_z(t_0) = -g.\sqrt{\frac{2H_0}{g}}$, soit :

$$\boxed{V_z(t_0) = -\sqrt{2gH_0}}$$

Phase de flexion [t_0 à t_e]

De t_0 à t_e : le sujet freine la descente, la vitesse du CdG est négative, orientée vers le bas mais l'accélération qui était égale à $-g$ à l'instant t_0 décroît rapidement pour devenir positive, dans le sens inverse à la vitesse c'est-à-dire vers le haut :

$V_z(t) < 0$, $a_z(t) > 0$ donc $R_z(t) > m.g$.

Phase d'extension [t_e à t_{off}]

Cette phase est similaire à celle du CMJ.

Le sujet accélère vers le haut, la vitesse et l'accélération du CdG sont positives orientées vers le haut : $V_z(t) > 0$, $a_z(t) > 0$ et donc $R_z(t) > m.g$.

Le sujet quitte le sol à l'instant t_{off} avec une vitesse Vz_{off}

Phase aérienne [t_{off} à t_r] et phase de réception au sol ($t > t_r$)

voir Squat Jump

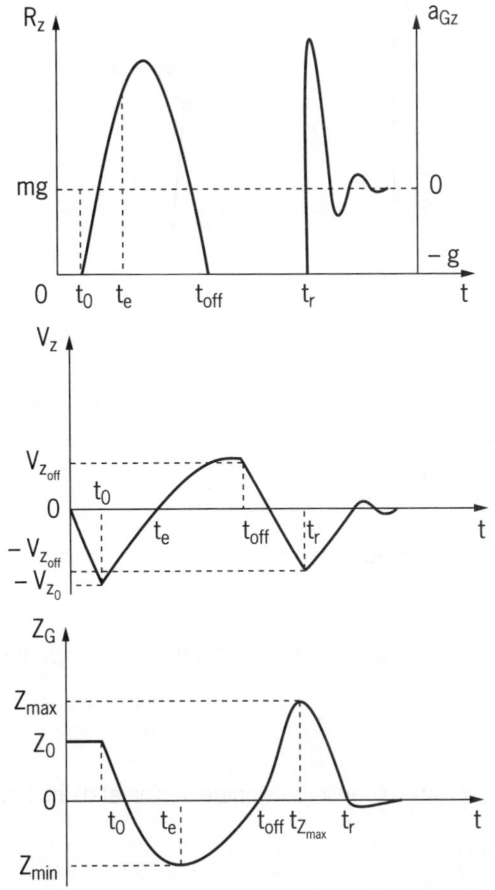

t_0 : arrivée sur la PFF, t_e : flexion maximale, t_{off} : décollage, t_{Zmax} : hauteur maximale du saut, t_r : réception au sol

Figure 4-9. Allure de la réaction du sol R_z, vitesse V_z et position Z_G du CdG lors d'un drop jump

L'impulsion lors des sauts standardisés

On s'intéressera uniquement à l'impulsion verticale J_z suivant (O_z) :

L'impulsion est égale au produit de la masse par la variation de vitesse ou à l'intégrale des forces extérieures :

$$J_z = m.\left[Vz_{off} - Vz_0\right] = \int_{t_0}^{t_{off}} (Rz - mg)\ dt = \text{ aire sous la courbe } (Rz - mg)$$

Le squat jump

Pour le SJ : $Vz_0 = 0$ donc l'impulsion lors du SJ est égale au produit de la masse par la vitesse de décollage du sujet et elle correspond aussi à l'aire sous la courbe $(Rz - mg)$ entre les instants t_0 et t_{off} (fig. 4-10). Cette impulsion est positive et correspond à une impulsion d'extension (ou concentrique).

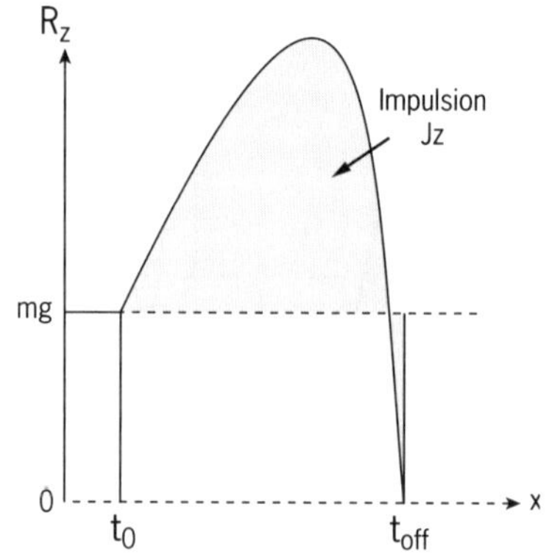

Figure 4-10. Impulsion verticale lors d'un squat Jump (aire en gris)

Pour le SJ : $J_z = m.Vz_{off} = \int_{t_0}^{t_{off}} (Rz - mg)\ dt$

Le saut avec contre mouvement

Pour le CMJ : $Vz_0 = 0$ donc : $J_z = m.Vz_{off}$

L'impulsion correspond aussi à l'aire sous la courbe $(Rz - mg)$ entre les instants t_0 et t_{off} (fig. 4-11) :

$$J_z = \int_{t_0}^{t_{off}} (R_z - mg)\ dt$$

Cette impulsion est la somme d'une impulsion de flexion et d'une impulsion d'extension :

$$J_z = J_{z\ flexion} + J_{z\ extension}$$

$$J_z = \int_{t_0}^{t_e} (R_Z - mg).dt + \int_{t_e}^{t_{off}} (R_Z - mg).dt$$

$$J_{z\ flexion} = \int_{t_0}^{t_e} (R_Z - mg).dt = m.\left[V_z(t_e) - Vz_0\right]$$

Or la vitesse initiale Vz_0 et la vitesse en fin de flexion $V_z(t_e)$ sont nulles donc l'impulsion de flexion est nulle : $J_{z\ flexion} = m.\left[V_z(t_e) - Vz_0\right] = 0$.

Par conséquent, l'aire sous la courbe $(Rz - mg)$ entre les instants t_0 et t_e doit être nulle, c'est-à-dire que l'aire négative entre t_0 et t_2 doit être égale à l'aire positive entre t_2 et t_e (fig. 4-11) : $m.\left[V_z(t_2) - Vz_0\right] = m.\left[V_z(t_e) - V_z(t_2)\right]$

Donc, l'impulsion globale pour le CMJ correspond uniquement à l'impulsion d'extension c'est-à-dire à l'aire sous la courbe $(Rz - mg)$ entre les instants t_e et t_{off}.

Pour le CMJ : $J_z = m.Vz_{off} = \int_{t_e}^{t_{off}} (R_Z - mg).dt$

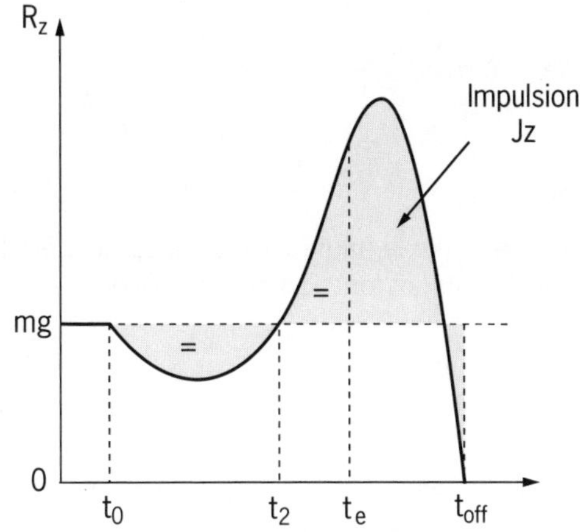

Figure 4-11. Impulsion verticale lors d'un CMJ (aire en gris), $[t_0, t_e]$: flexion, $[t_e, t_{off}]$: extension

Le saut en contrebas

Pour le DJ : $V_z(t_0) = -\sqrt{2gH_0}$

Lors d'un DJ, l'impulsion totale est égale à l'aire sous la courbe $(Rz - mg)$ entre les instants t_0 et t_{off} (fig. 4-12)

Pour le DJ : $J_z = m.\left[Vz_{off} - Vz_0\right] = \int_{t_0}^{t_{off}} (Rz - mg)\ dt$

Remarque :

En fin de flexion $V_z(t_e) = 0$ donc l'impulsion entre t_0 et t_e est égale à :

$m.\left[V_z(t_e) - Vz_0\right] = m.Vz_0 = \int_{t_0}^{t_e} (Rz - mg).dt$

Donc l'aire sous la courbe $(Rz - mg)$ entre t_0 et t_e est égale à $m.V_z(t_0)$.

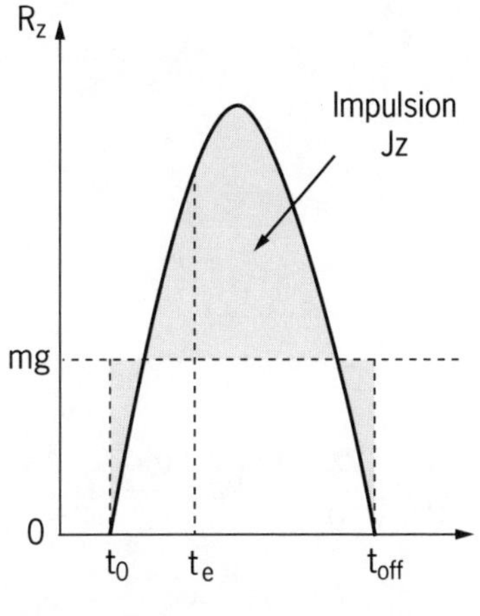

Figure 4-12. Impulsion verticale lors d'un Drop Jump (aire en gris), $[t_0, t_e]$: flexion, $[t_e, t_{off}]$: extension

Cas particuliers des SJ et CMJ :

Pour ces deux sauts : $Vz_0 = 0$ donc $J_z = m.Vz_{off}$ et :

$$\boxed{Vz_{off} = \frac{J_z}{m}}$$

Il a été montré précédemment que la hauteur du saut Z_{max} est égale à $\frac{V^2z_{off}}{2g}$, on peut donc exprimer la hauteur du saut en fonction de l'impulsion J_z :

$$\boxed{Z_{max} = \frac{J_z^{\ 2}}{2.m^2.g}}$$

Calcul de la hauteur du saut à partir du temps de suspension Ts

Dès que le sujet quitte la plate-forme de forces suite à l'impulsion, la seule force qui agit sur lui est son poids. Le PFD appliqué au CdG du sujet s'écrit alors :

$$\vec{P} = m.\vec{a}_G$$

En projection sur le système d'axe vertical (O_z) :

$$-m.g = m.a_z$$

soit $a_z = -g \Rightarrow V_z = -g.t + Vz_{off} \Rightarrow Z_G = -\frac{1}{2}.g.t^2 + Vz_{off}.t$ (si Z_G à $t_0 = 0$)

Soit T_a : durée de la phase ascendante du saut

T_d : durée de la phase descendante du saut

T_s : durée totale de la phase aérienne, $T_s = T_a + T_d = 2.\ T_a$ car $T_a = T_d$ (si la position du sujet est la même au départ et à la réception)

Lors de la phase ascendante du saut, le sujet atteint sa hauteur maxi Z_{Gmax} quand $V_z = 0$ à l'instant

$t = T_a$, donc

$$V_z = 0 = -g.T_a + Vz_{off}$$

$$T_a = \frac{Vz_{off}}{g}$$

donc : $T_s = 2.T_a = 2.\frac{Vz_{off}}{g}$

et $Vz_{off} = \frac{g.T_s}{2}$ (1)

Z_{Gmax} s'écrit alors : $Z_{Gmax} = -\frac{1}{2}.g.\left(\frac{Vz_{off}}{g}\right)^2 + Vz_{off}.\frac{Vz_{off}}{g}$.

$$Z_{Gmax} = \frac{1}{2}.g.\left(\frac{Vz_{off}}{g}\right)^2$$

avec (1) $Z_{Gmax} = \frac{1}{2}.g.\left(\frac{g.Ts}{2g}\right)^2$

$$Z_{Gmax} = \frac{g.T^2_s}{8}$$

Pour les sauts sans élan (SJ, CMJ) puisque $J_z = m.Vz_{off}$

avec (1) : on obtient aussi : $J_z = m.\frac{g.Ts}{2}$

La mesure du temps de suspension T_s (= durée de la phase aérienne) permet de connaître :

La vitesse de décollage Vz_{off}, la hauteur du saut Z_{Gmax} et l'impulsion J_z.

Cette méthode est utilisée par les systèmes tels que le tapis de Bosco ou l'Ergojump qui calculent la hauteur du saut à partir du temps de suspension.

Exemples :

T_s = 500 ms ⇒ Z_{Gmax} = 30,6 cm ;

T_s = 1 s ⇒ Z_{Gmax} = 1,23 m (ceci est très peu probable lors d'un saut sans élan !)

Remarque :
La hauteur d'un saut étant directement proportionnelle au temps de suspension, lors d'un saut en hauteur, un athlète va rester plus longtemps « en l'air » que lors d'un saut en longueur, pour une même vitesse initiale.

5 Exemple de gestes sportifs

Étude du saut en longueur

Détermination de l'impulsion

Dans un plan défini par les axes (*Ox*, *Oz*) :

- L'analyse cinématique (vidéo) peut permettre de déterminer la vitesse initiale $\vec{V_0}$ en début d'impulsion et la vitesse de décollage en fin d'impulsion $\vec{V_{off}}$. Le calcul des impulsions horizontales J_x et verticale J_z est donc possible à partir des équations :

  $J_x = m.(Vx_{off} - Vx_0)$

  $J_z = m.(Vz_{off} - Vz_0)$

  Cependant, la détermination des vitesses $\vec{V_0}$ et $\vec{V_{off}}$ par la vidéo reste une méthode peu précise.

- L'analyse dynamique est possible en disposant une PFF au niveau de la planche d'appel. On pourra alors déterminer les impulsions horizontale $\vec{J_x}$ et verticale $\vec{J_z}$ au cours du dernier appui en utilisant les équations :

  $J_x = \int_{t_0}^{t_{off}} R_x.dt$, $J_z = \int_{t_0}^{t_{off}} (R_z - mg).dt$

L'impulsion totale étant égale à : $\vec{J} = \vec{J}_x + \vec{J}_z$

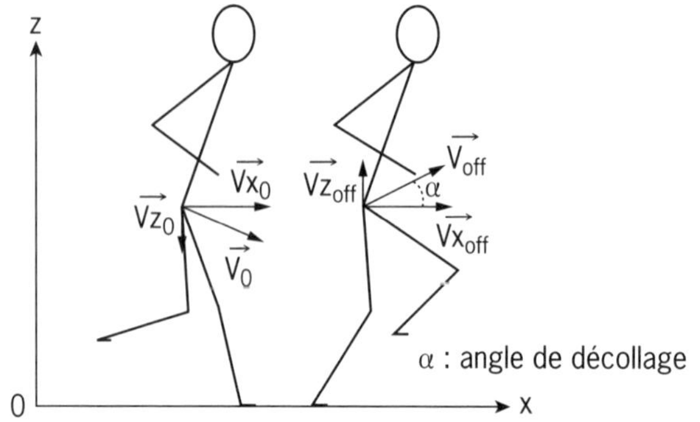

Entre t_0 et t_{off}, le pied d'appui du sujet n'a pas bougé, les deux figures sont décalées pour plus de clarté.

Figure 4-13. Composantes horizontales et verticales de la vitesse du CdG lors d'un saut en longueur

Détermination de la vitesse de décollage $\vec{V}_{off}$

$$Vx_{off} = \frac{J_x}{m} + Vx_0$$

$$Vz_{off} = \frac{J_z}{m} + Vz_0$$

Les impulsions J_x et J_z peuvent toujours être déterminées grâce à la PFF quelles que soient les conditions initiales. En revanche, on ne peut pas déterminer la vitesse de décollage V_{off} si on ne connaît pas les conditions initiales *i.e.* Vx_0 et Vz_0. Ici encore l'utilisation de la vidéo est alors nécessaire mais seulement pour connaître les composantes Vx_0 et Vz_0 de la vitesse initiale d'arrivée sur la PFF.

Détermination de l'angle de décollage α

$$tg\alpha = \frac{Vz_{off}}{Vx_{off}} \text{ donc } \alpha = Arctg\frac{Vz_{off}}{Vx_{off}}$$

Détermination de la longueur théorique du saut

Dès que le sujet quitte le sol, la seule force qui agit sur lsujet est son poids, le PFD s'écrit :

$$\vec{P} = m.\vec{a}_G$$

En projection sur le système d'axe (O_{xz}) :

Sur (Ox) :

$$0 = m.a_x \text{ soit } a_x = 0 \Rightarrow V_x = Vx_0 \qquad \Rightarrow X_G = Vx_0.t + X_{G0} \ (1)$$

Sur (Oz) :

$$-m.g = m.a_z \text{ soit } a_z = -g \Rightarrow V_z = -g.t + Vz_0 \Rightarrow Z_G = -\frac{1}{2}.g.t^2 + Vz_0.t + Z_{G0}$$

La longueur maximale théorique X_{Gmaxi} sera atteinte à l'instant où la position verticale Z_G du CdG reviendra à Z_{G0} soit à l'instant t tel que :

$$Z_G = -\frac{1}{2} gt^2 + Vz_0.t + Z_{G0} = Z_{G0}$$

$$t.(-\frac{1}{2}.g.t + Vz_0) = 0$$

soit $t = 0$ (départ) ou $t = \frac{2.Vz_0}{g}$

En remplaçant dans (1) :

$$\boxed{X_{Gmaxi} = \frac{2.Vx_0.Vz_0}{g} + X_{G0}}$$

Exemple numérique

Sauteur en longueur de masse m = 80 kg

Les impulsions horizontale et verticale lors du dernier appui mesurées grâce à la PFF sont égales à :

$J_x = -68\ N.s$ et $J_z = 360\ N.s$.

Les composantes horizontale et verticale de la vitesse d'arrivée sur la plate-forme au début de l'impulsion sont égales à :

$Vx_0 = 10{,}1\ ms^{-1}$ et $Vz_0 = -0{,}7\ ms^{-1}$.

La vitesse de décollage $\vec{V}_{off}$:

$$Vx_{off} = -\frac{68}{80} + 10{,}1 = 9{,}25\ ms^{-1}$$

$$Vz_{off} = \frac{360}{80} - 0{,}7 = 3{,}80\ ms^{-1}$$

L'angle de décollage $tg\alpha = \frac{3{,}80}{9{,}25} = 0{,}41 \qquad \alpha = 22{,}3°$

Longueur théorique du saut :

Si $X_{G0} = 30$ cm

$$X_{Gmaxi} = \frac{2.3{,}80.9{,}25}{9{,}81} + 0{,}3 = 7{,}47 \text{ m}$$

Étude du saut à ski

Il est possible de déterminer l'impulsion lors d'un saut à ski en plaçant une PFF à l'extrémité du tremplin (fig. 4-14).

Angle du tremplin par rapport à l'horizontale : $\beta = 10°$.

Angle du vecteur vitesse $\vec{V}_{off}$ du skieur quand celui-ci quitte le nez du tremplin : –3° par rapport à l'horizontale.

Masse du skieur : 70 kg.

Impulsion J_z suivant l'axe (O_z) : 175 $N.s$

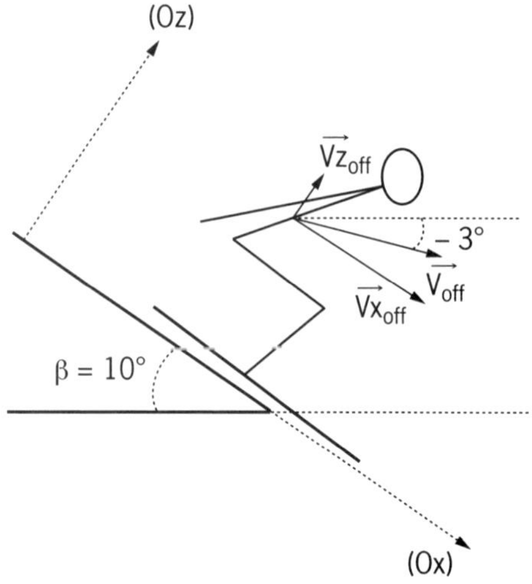

V_{off} : vitesse de décollage. β : angle du tremplin. α : angle entre $\vec{V}_{off}$ et l'horizontale

Figure 4-14. Modélisation du saut à ski

QUELLE EST LA VITESSE DE DÉCOLLAGE DU SKIEUR V_{off}?

On peut faire deux hypothèses simplificatrices :

- Pendant l'impulsion, le skieur glisse encore (~10 m) et sa vitesse va a priori tendre à augmenter mais le skieur se relève, ce qui augmente les frottements de l'air. On peut alors supposer pour simplifier que le skieur garde une vitesse de déplacement constante pendant l'impulsion : $Vx_0 = Vx_{off}$ (ex. : 22 ms^{-1}).
- Le skieur effectuant son saut à partir d'une position fléchie, l'impulsion peut être assimilée à un Squat Jump, donc la vitesse initiale du skieur suivant l'axe (Oz) est nulle : $Vz_0 = 0$.

La vitesse de décollage V_{zoff} peut se calculer à partir de l'impulsion :

$$Vz_{off} = \frac{J_z}{m} = \frac{175}{70} = 2{,}5\ ms^{-1}$$

Si l'angle du tremplin fait 10° et l'angle du vecteur vitesse –3° par rapport à l'horizontale, l'angle réel de décollage α est égal à : 10° – 3° = 7°.

$$\text{Or } tg\alpha = \frac{Vz_{off}}{Vx_{off}} \text{ donc } Vx_{off} = \frac{Vz_{off}}{tg\alpha} = \frac{2.5}{tg7°} = 20{,}36\ ms^{-1}$$

soit 73.3 $km.h^{-1}$

$$V_{off} = \sqrt{Vx_{off}^2 + Vz_{off}^2} = \sqrt{20{,}36^2 + 2{,}5^2} = 20{,}51\ ms^{-1}$$

Étude du départ en sprint

Afin d'étudier la période d'impulsion dans les starting-blocs lors d'un départ en sprint, des mesures dynamiques peuvent être réalisées en plaçant une plate-forme de forces sous les starting-blocks permettant de mesurer les forces sur (Ox) et (Oz), figure 4-15.

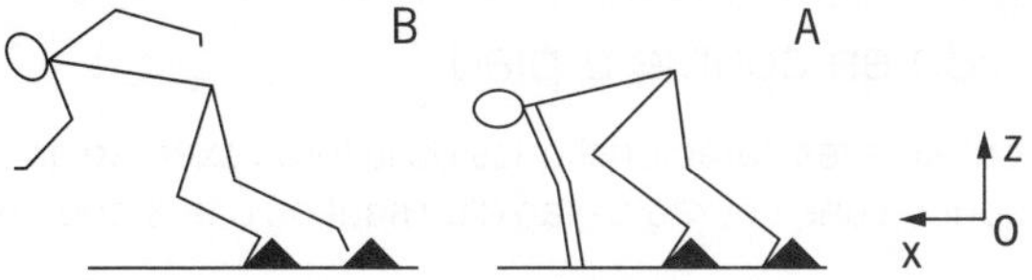

Figure 4-15. Les 2 situations schématisées ci-dessus correspondent à 2 phases successives du départ en sprint

Position statique (A)

$\vec{R}+\vec{P}=\vec{0}$

Sur (0_x) :

$R_x + 0 = 0 \Rightarrow R_x = 0$

Sur (Oz) :

$R_z - m.g = 0 \Rightarrow R_z = m.g$

Donc : $\Delta Rz = R_z - m.g = 0$

Position dynamique (B)

$\vec{R}+\vec{P}=m.\vec{a}_G$

Sur (0_x) :

$R_x + 0 = m.a_x \Rightarrow a_x = \dfrac{R_x}{m}$

Sur (Oz) :

$R_z - m.g = m.a_z \Rightarrow a_z = \dfrac{R_z - m.g}{m} = \dfrac{\Delta R_z}{m}$

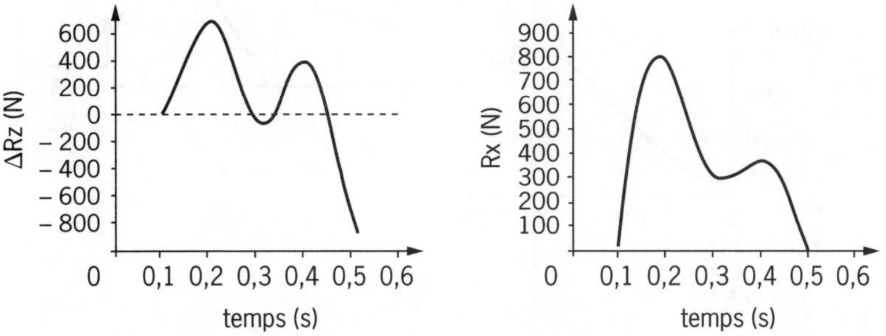

Figure 4-16. Exemple de variations des forces sur (O_x) et (O_z) au cours d'un départ type en sprint

$\Delta Rz = Rz - m.g$

L'impulsion dure 400 ms, elle se décompose en deux phases : une poussée des pieds arrière et avant maximale à l'instant t = 0,2 s, puis une poussée du pied avant seul maximale à l'instant t = 0,4 s. Le pied arrière quitte le starting-block à l'instant t = 0,3 s. L'impulsion se termine quand Rx devient nulle (t = 0,5 s) c'est-à-dire quand le pied avant a quitté les starting-blocks (fig. 4-16).

Quand le sujet quitte les starting-blocks, $R_z = 0$ et $\Delta Rz = Rz - m.g = -800\ N$, donc $m.g = 800\ N$, la masse du sujet est donc égale à 80 kg ($g \approx 10\ m.s^{-2}$).

À l'instant t = 0,2 s, les accélérations horizontale et verticale du CdG sont maximales :

$$a_x = \frac{R_x}{m} = \frac{800}{80} = 10\ m.s^{-2}\ ;\ a_z = \frac{\Delta R_z}{m} = \frac{600}{80} = 7{,}5\ m.s^{-2}$$

Étude de la foulée en course à pied

Il est possible de connaître les caractéristiques de la force exercée au sol lors d'une prise d'appui au sol, au cours d'une course d'élan d'un saut ou d'une course à pied classique.

La prise de contact avec le sol est caractérisée par un pic de force R_z au début du contact. L'impulsion verticale correspond à l'aire sous la courbe ($Rz - mg$) exprimée en fonction du temps. À l'instant du contact, la vitesse verticale V_0 du CdG est dirigée vers le bas (négative) et vers l'avant. Quand le pied quitte le sol, la vitesse V_{off} est dirigée vers le haut (positive) et vers l'avant. Pendant la phase de contact avec le sol, le CdG s'abaisse légèrement pendant la phase d'amorti puis s'élève pendant la poussée (fig. 4-17).

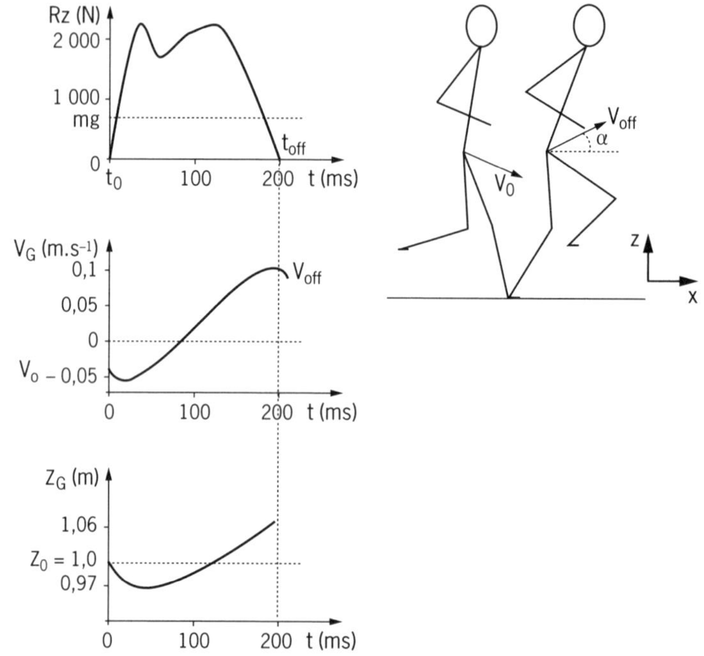

Figure 4-17. Réaction du sol (R_z), vitesse verticale (V_G) et déplacement vertical (Z_G) du CdG au cours d'un appui au sol lors d'une foulée en course à pied

EXERCICES

EXERCICE 4.1 : PLAQUAGE AU RUGBY

Au cours d'un plaquage lors d'un match de rugby, un joueur (m = 100 kg) courant à une vitesse égale à 5 $m.s^{-1}$, heurte de front un autre joueur (m = 90 kg) se déplaçant en sens inverse à une vitesse égale à 3 $m.s^{-1}$.

1. Quelle sera leur vitesse commune après le choc ?

2. Même question si le joueur de masse 90 kg était à l'arrêt.

EXERCICE 4.2 : RÉCEPTION D'UN BALLON

Un joueur de football américain immobile pesant 80 kg reçoit un ballon (m = 400 g) lancé horizontalement à une vitesse de 20 $m.s^{-1}$. Quelle est la vitesse horizontale du joueur immédiatement après la réception du ballon ?

EXERCICE 4.3 : DOUBLE SALTO ARRIÈRE

Un gymnaste veut effectuer un double salto arrière groupé. Quand il quitte le sol, sa vitesse angulaire est égale à 7 $rad.s^{-1}$ et son moment d'inertie vaut 30 kg.m^2. En groupant les jambes, il diminue rapidement son moment d'inertie à 20 kg.m^2. Quelle sera alors sa nouvelle vitesse angulaire et combien de temps va durer le double salto arrière ?

EXERCICE 4.4 :

Un plongeur ayant un moment d'inertie de 25 kg.m^2 quitte le tremplin avec une vitesse angulaire égale à 7 $rad.s^{-1}$.

1. Il réduit rapidement son moment d'inertie à 21 kg.m^2, quelle sera alors sa vitesse angulaire et combien de tours fera-t-il en 2 secondes ?

2. De combien doit-il réduire son moment d'inertie, s'il veut faire exactement trois tours sur lui-même en 2 secondes ?

EXERCICE 4.5 : CALCUL DE LA POSITION DU CENTRE DES PRESSIONS

Un sujet se trouve debout sur une plate-forme de forces (voir figure ci-dessous).

Dans le repère (Oxy) de la plate-forme, les coordonnées des 4 capteurs sont :
C_1 ($x_1 = 0$, $y_1 = 0$) ; C_2 ($x_2 = a$, $y_2 = 0$) ; C_3 ($x_3 = a$, $y_3 = b$) ; C_4 ($x_4 = 0$, $y_4 = b$).

Si les valeurs des composantes verticales Rz_i mesurées par les 4 capteurs sont égales à :
$Rz_1 = 100$ N, $Rz_2 = 100$ N, $Rz_3 = 300$ N, $Rz_4 = 200$ N,

Calculer les coordonnées du centre de pressions dans le repère (Oxy).

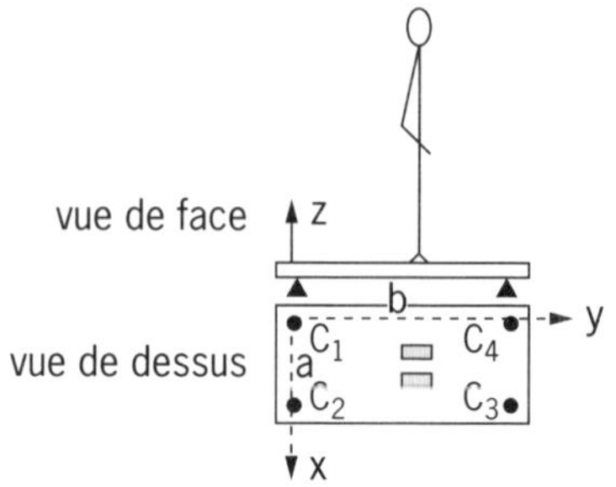

EXERCICE 4.6. SCHÉMA SYNOPTIQUE

Sur le schéma synoptique ci-dessous, indiquer les différentes étapes du traitement des données permettant de calculer à partir de la force de réaction du sol $R_z(t)$ enregistrée par une plate-forme de forces :

a. L'impulsion verticale J_z, la vitesse de décollage Vz_{off} et l'élévation maximale du centre de gravité Z_{max}.

b. Les paramètres cinématiques du mouvement du centre de gravité : accélération, vitesse et position.

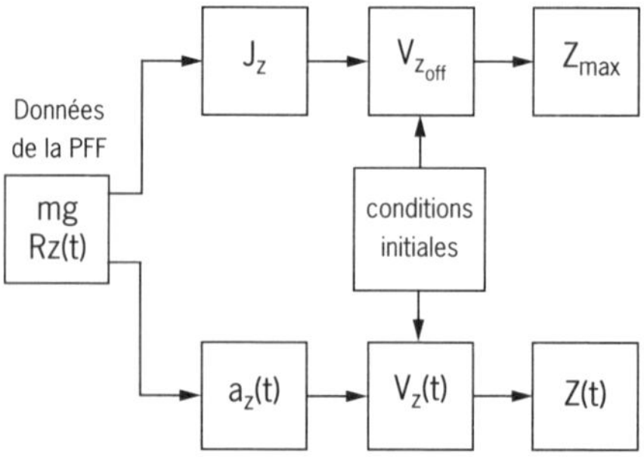

EXERCICE 4.7. EXEMPLE D'UN CMJ

Un athlète de 70 kg réalise un saut avec contre-mouvement (CMJ) sur une plate-forme de forces. La valeur minimale de la réaction du sol pendant la phase de flexion Rz_{mini} est égale à 200 *N*; la valeur maximale de R_z pendant la phase d'extension Rz_{maxi} est égale de 1 300 *N*.

1. Donner l'allure de la courbe $R_z(t)$ indiquant les variations de la résultante verticale des forces au sol en fonction du temps et préciser les différents modes d'action musculaires des quadriceps au cours du mouvement.

2. Calculer l'accélération a_z du CdG du sujet aux deux instants correspondant à Rz_{mini} et Rz_{maxi}.

3. Au cours du saut, l'impulsion verticale J_z totale est égale à 190 *N.s*. Quelles sont les valeurs théoriques de la vitesse de décollage Vz_{off}, de la hauteur d'élévation du CdG et du temps de suspension.

EXERCICE 4.8 : CARACTÉRISTIQUES D'UN CMJ

La figure ci-dessous représente l'évolution de la composante verticale $R_z(t)$ de la résultante des forces au sol au cours d'un saut avec contre-mouvement.

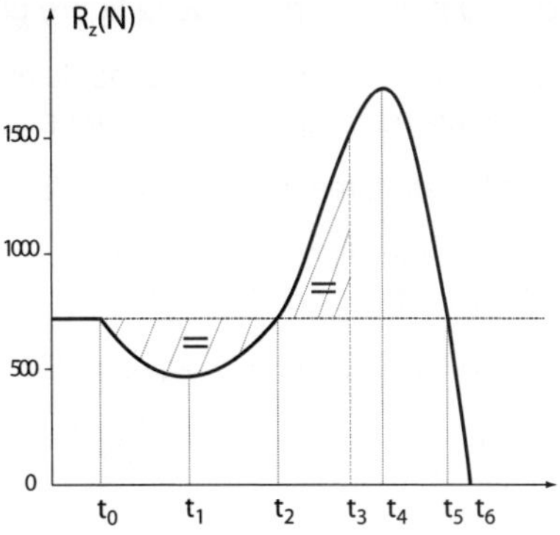

1. À l'aide des notations t_0, t_1, t_2, t_3… correspondant à des instants particuliers, compléter le tableau ci-dessous. La vitesse et l'accélération du CdG du sujet sont notées respectivement V_z et a_z.

Caractéristiques	Instants
$a_z = 0$	
$V_z = 0$	
$a_z > 0$ avec a_z maxi	
$a_z < 0$ avec ⊆ a_z ⊆ maxi	
$V_z > 0$ avec V_z maxi	
$V_z < 0$ avec ⊆ V_z ⊆ maxi	

2. Calculer les valeurs des accélérations maximales pendant les phases de flexion et d'extension.
3. Si l'impulsion verticale lors du saut est égale à 210 *N.s*, calculer la vitesse de décollage et la hauteur maximale du saut.

EXERCICE 4.9 : MOUVEMENT D'ÉLÉVATION DES BRAS SUR PFF

Un athlète, debout immobile sur une plate-forme de forces, élève brusquement ses deux bras et les arrête en position haute. On considère le corps humain comme composé de deux systèmes mécaniques distincts mais liés entre eux :

- Les bras de masse m_1, dont la vitesse varie au cours du mouvement noté (S_1)
- Le reste du corps considéré comme restant immobile de masse $m - m_1$ noté (S)

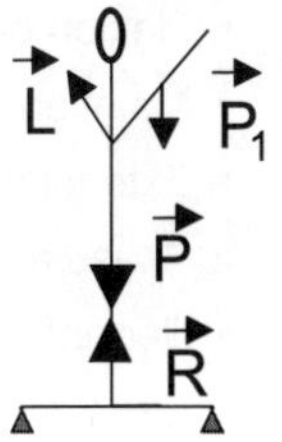

Expliquer la variation de la force verticale résultante R_z enregistrée par la plate-forme au cours du mouvement.

EXERCICE 4.10 : EXEMPLE D'UN DJ

Un basketteur (masse = 70 kg) effectue un saut en contrebas (Drop-jump) sur une plate-forme de forces. L'enregistrement de la réaction du sol $R_z(t)$ suivant la verticale est donné sur la figure ci-dessous. (g = 10 $m.s^{-2}$). À partir de la figure ci-dessous :

1. Décrire le graphe en précisant les différentes phases du mouvement et les différents modes de contraction musculaires associés des extenseurs du genou.
2. Calculer la valeur de l'accélération maximale pendant la phase d'extension.
3. Si le sujet s'élance d'une estrade d'une hauteur H_0 = 45 cm, quelle est sa vitesse (Vz_0) quand il arrive sur la plate-forme de forces ?
4. Si l'impulsion verticale totale lors du saut est égale à 490 $N.s$, quelle est sa vitesse de décollage Vz_{off}?
5. Quelle est la hauteur du saut ?
6. Quel est le temps de suspension ?

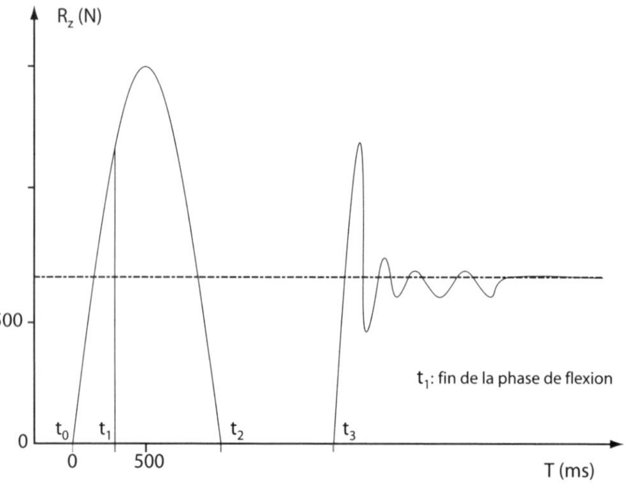

EXERCICE 4.11 : SAUT EN DEUX PHASES

On étudie le mouvement d'un sujet (masse : 60 kg ; g = 10 $m.s^{-2}$) sur une plate-forme de forces qui se décompose de la façon suivante :

- Position debout immobile
- Flexion des membres inférieurs (durée : 500 ms)
- Maintien isométrique (durée : 2 s)
- Extension (durée : 250 ms)
- Phase aérienne (durée : 600 ms)
- Réception sur le plateau de forces

1. Expliquez le principe de calcul de l'impulsion J_z suivant l'axe vertical (O_z) par la plate-forme de forces.
2. La valeur minimale de la réaction du sol (Rz_{mini}) mesurée pendant la première phase de flexion est égale à 300 *N*. Calculer la valeur de l'accélération du CdG correspondante.
3. L'accélération maximale du CdG du sujet lors de l'extension est égale à 10 $m.s^{-2}$.

   Calculer la valeur de Rz_{maxi} correspondante.
4. Tracer la courbe $R_z(t)$ correspondant à l'allure de la composante verticale de la réaction du sol en fonction du temps au cours de ce mouvement en :
   – respectant les échelles de temps,
   – précisant les différentes phases du mouvement et les actions musculaires,
   – indiquant les valeurs Rz_{maxi} et Rz_{mini}.
5. Calculer la hauteur d'élévation maximale Z_{max} du CdG au cours du saut.
6. Calculer la vitesse de décollage Vz_{off} et l'impulsion J_z.
7. Tracer l'allure de $R_z(t)$ pour le même type de mouvement mais réalisé sans phase de maintien isométrique en position fléchie. Comment s'appelle ce type de saut?

EXERCICE 4.12 : IMPULSIONS AU TRIPLE SAUT

Au cours d'un triple saut réalisé par un athlète (masse : 70 kg), on enregistre pour les trois appuis les valeurs de :

- l'impulsion verticale (J_z),
- la force de réaction verticale moyenne (Rz_{moy}),
- la durée de l'appui au sol (*d*).

Appui	**1**	**2**	**3**
J_z (*N.s*)	500	527	540
Rz_{moy} (*N*)	3 330	3 100	3 000
d (*ms*)	150	170	180

1. Représenter sur un graphe l'évolution des trois paramètres (impulsion, réaction verticale et durée de l'appui) au cours des trois appuis.
2. Calculer le pourcentage de variation de Rz_{moy} et de la durée de l'appui entre le premier et le troisième appui.

   Après avoir rappelé la définition de l'impulsion, expliquez l'augmentation de l'impulsion verticale ?

3. Comment pourrait-on calculer la vitesse de décollage Vz_{off} et l'angle de décollage au cours des trois appuis ?

4. On estime la vitesse verticale au début de l'impulsion du premier appui Vz_{01} à $-1{,}1\ m.s^{-1}$.
   a. Expliquer pourquoi cette vitesse a une valeur négative.
   b. Calculer la vitesse de décollage à la fin du premier appui V_1z_{off}.

EXERCICE 4.13 : PLAQUAGE AU RUGBY

Au rugby, un arrière veut arrêter un ailier (m = 90 kg) se déplaçant à une vitesse de 6 $m.s^{-1}$. Quelle force l'arrière doit-il fournir pour s'opposer et stopper l'ailier sur une distance de 2 m. On suppose que cette force est constante au cours du plaquage.

EXERCICE 4.14 : SQUAT JUMP

Si on considère que pendant la phase d'impulsion d'un squat jump, un sujet (m = 70 kg) a une accélération constante et que son CdG s'élève de 30 cm, calculer la force moyenne exercée au sol pendant la poussée si la phase aérienne du saut est égale à 600 ms. (g = 10 $m.s^{-2}$).

EXERCICE 4.15 SAUT EN LONGUEUR SANS ÉLAN

Au cours d'un saut en longueur sans élan pieds joints, un athlète (m = 70 kg) quitte le sol avec une vitesse V_{off} dont les composantes horizontales et verticales sont : Vx_{off} = 3,5 $m.s^{-1}$ et Vz_{off} = 1,8 $m.s^{-1}$. (g = 10 $m.s^{-2}$).

1. Calculer les impulsions J_x et J_z correspondantes au saut.

2. Quelle est la valeur de l'angle de décollage ?

3. Quelle est la longueur théorique du saut, si on considère que la position CdG du corps quand l'athlète quitte le sol (X_{G0}) est 70 cm plus en avant par rapport à la position debout de départ ?

CHAPITRE 5

ANALYSE DE LA PUISSANCE MÉCANIQUE LORS DE GESTES SPORTIFS

1 Définition : travail, puissance et énergie mécanique

Le travail

Le travail noté souvent W (pour *Work* en anglais) s'exprime en Joules (J)

Cas des mouvements linéaires

Si sur une très petite distance élémentaire (dl), on considère qu'une force $\vec{F}$ garde une valeur constante, le travail élémentaire (dW) est alors égal au produit scalaire : $dW = \vec{F}.\overrightarrow{dl}$

$$dW = \vec{F}.\overrightarrow{dl} = F.dl.\cos(\vec{F}.\overrightarrow{dl})$$

Le travail total sur le déplacement total ΔL est alors égal à :

$$W = \int_0^{\Delta L} dW = \int_0^{\Delta L} \vec{F}(l).\overrightarrow{dl}$$

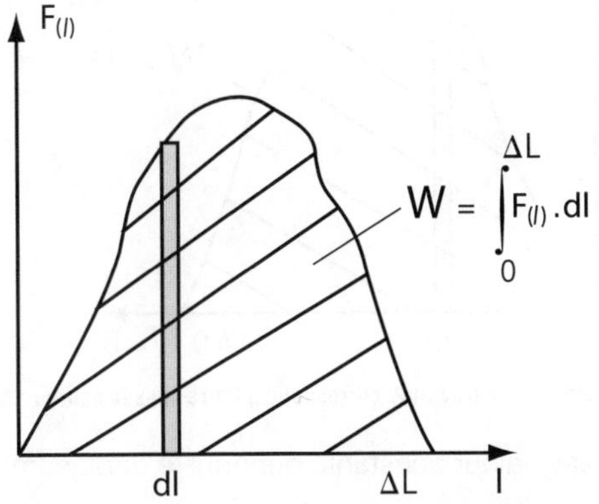

Figure 5-1. Le travail W correspond à l'aire sous la courbe *F*(l)

Si la force F garde une valeur constante pendant le déplacement ΔL alors

$W = F.\,\Delta L$ (exemple fig. 5-2)

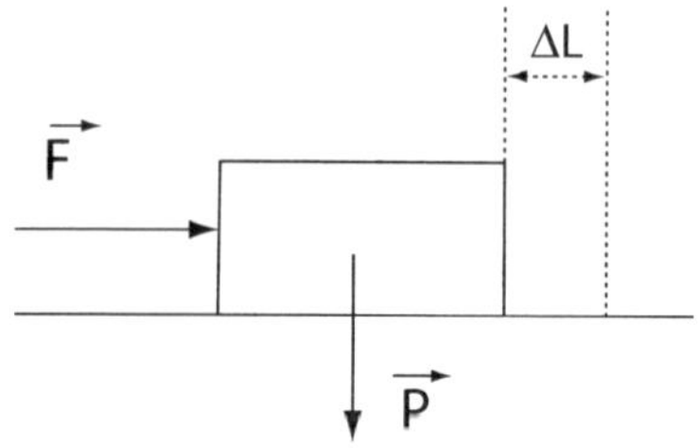

Figure 5-2. Au cours du déplacement ΔL: $W(\vec{F}) = F.\Delta L$, $W(\vec{P}) = 0$

Cas des mouvements angulaires (de rotation)

Si sur une très petite distance angulaire élémentaire ($d\theta$), on considère qu'un moment M garde une valeur constante, le travail élémentaire (dW) est alors égal à :

$dW = M.d\theta$

Le travail d'un moment est donc égal au produit de ce moment par le déplacement angulaire.

Le travail total sur le déplacement total $\Delta\theta$ est alors égal à :

$$W = \int_0^{\Delta\theta} dW = \int_0^{\Delta\theta} M_{(\theta)}.d\theta$$

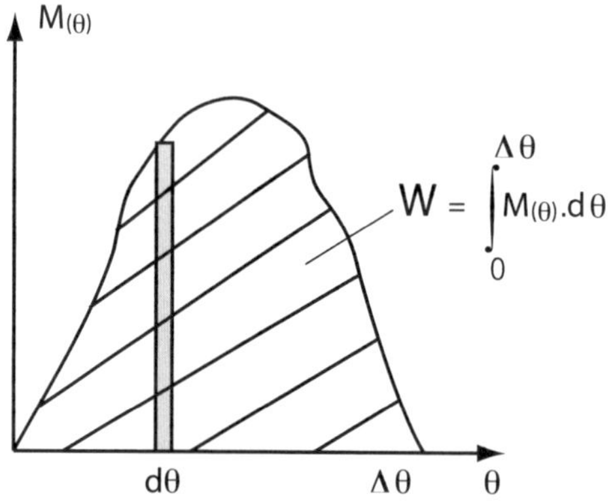

Figure 5-3. Le travail W correspond à l'aire sous la courbe $M(q)$

Si le moment M garde une valeur constante pendant le déplacement $\Delta\theta$ alors $W = M.\Delta\theta$

Travail interne et travail externe

Dans le domaine de la biomécanique, on distingue habituellement deux types de travaux :

- Le travail *interne* (ou des forces internes) qui correspond au travail réalisé par le système musculaire pour déplacer les segments.
- Le travail *externe* (ou des forces externes) qui correspond au travail des forces telles que la pesanteur, les forces de réaction du support, les forces de frottements...

La Puissance (P)

La puissance instantanée ou moyenne s'exprime en Watt (W).

Puissance instantanée

Cas des mouvements linéaires

La puissance instantanée $P(t)$ est égale à la variation de travail sur la variation de temps :

$$P(t) = \frac{dW}{dt} = \frac{\vec{F}.d\vec{l}}{dt} = \vec{F}.\frac{d\vec{l}}{dt} = \vec{F}.\vec{v}(t)$$

$$P(t) = \vec{F}.\vec{v}(t)$$

La puissance instantanée est égale au produit de la force instantanée par la vitesse instantanée.

Cas des mouvements angulaires

La puissance instantanée $P(t)$ est égale à :

$$P(t) = \frac{dW}{dt} = \frac{M.d\theta}{dt} = M.\frac{d\theta}{dt} = M.\omega(t),\ \omega = \frac{d\theta}{dt} \text{ : vitesse angulaire}$$

$$P(t) = M.\omega(t)$$

La puissance instantanée est égale au produit du moment instantanée (M) par la vitesse angulaire instantanée (ω).

Puissance moyenne

La puissance moyenne P_{moy} sur une durée T est égale à :

$$P_{moy} = \frac{1}{T}\int_0^T P(t).dt$$

or :

$$P(t) = \frac{dW}{dt} \Rightarrow dW = P(t).dt \Rightarrow W_{total} = \int_0^T dW = \int_0^T P(t).dt$$

Finalement :

$$P_{moy} = \frac{W_{total}}{T}$$

La puissance moyenne est égale au rapport entre le travail total et le temps total.

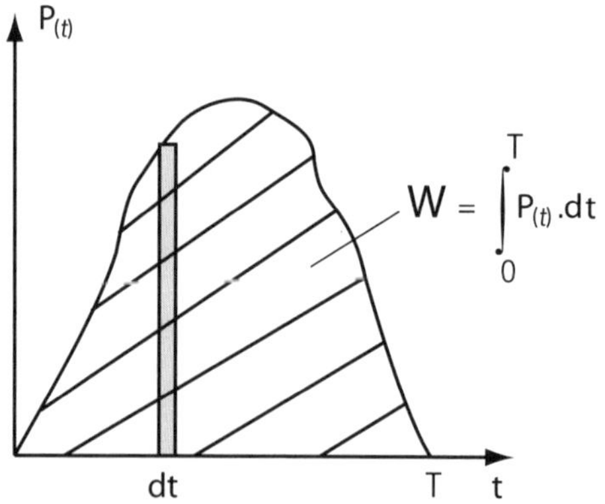

Figure 5-4. Le travail total W correspond à l'aire sous la courbe *P*(*t*)

L'énergie mécanique (*E*)

L'unité de l'énergie mécanique (E_m) est la même que celle du travail c'est-à-dire le Joule (*J*).

L'énergie mécanique peut prendre 2 formes : l'énergie cinétique (*Ec*) et l'énergie potentielle (*Ep*).

L'énergie cinétique

C'est l'énergie d'un corps en mouvement. On distingue l'énergie cinétique *linéaire* ou de *translation* pour les mouvements de translation et l'énergie cinétique *angulaire* ou de *rotation* propre aux mouvements de rotation.

- Énergie cinétique de translation : $Ec_{transl.} = \frac{1}{2}.m.V_G^2$

  m = masse du système (kg)

  V_G = vitesse linéaire du CdG ($m.s^{-1}$)

- Énergie cinétique de rotation : $Ec_{rot.} = \frac{1}{2}.I_G.\omega_G^2$

  I_G = Moment d'inertie du système (kg.m^2)

  ω_G = vitesse angulaire du CdG ($rad.s^{-1}$)

  L'énergie cinétique totale est égale à la somme des deux :
  $Ec = Ec_{transl.} + EC_{rot.}$

L'énergie potentielle

On distingue l'énergie potentielle de pesanteur (parfois appelée externe) et l'énergie potentielle élastique (parfois appelée interne).

- Énergie potentielle de pesanteur : $Ep_p = m.g.Z_G$

  m = masse du système (kg)

  g = accélération de la gravité (9,81 $m.s^{-2}$)

  Z_G = hauteur du CdG par rapport à la référence (m)

- Énergie potentielle élastique : $Ep_e = \frac{1}{2}.k.x^2$

  k = constante de raideur du système ($N.m^{-1}$)

  x = allongement ou raccourcissement du système élastique de type ressort (mètre)

  L'énergie potentielle totale est égale à la somme des deux :

  $Ep = Ep_p + Ep_e$

Loi de conservation de l'énergie mécanique totale

ÉNONCÉ

L'énergie totale d'un système est constante au cours d'un mouvement.

Eméca = *Ec* + *Ep* = Constante

Eméca (état initial 1) = *Eméca* (état final 2)

Ec + *Ep* (état initial 1) = *Ec* + *Ep* (état final 2)

L'énergie mécanique totale se conserve mais la répartition entre l'énergie cinétique et l'énergie potentielle peut changer. Par exemple, si l'une augmente, l'autre diminue et vice et versa.

Exemple :
Calcul de la vitesse d'arrivée au sol lors d'un saut en contrebas (fig. 5-5) ou de la hauteur d'un saut connaissant la vitesse de décollage (fig. 5-6).

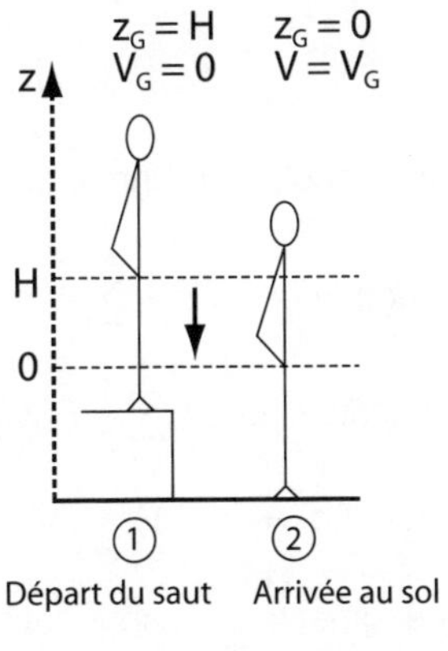

Figure 5-5. Saut en contrebas

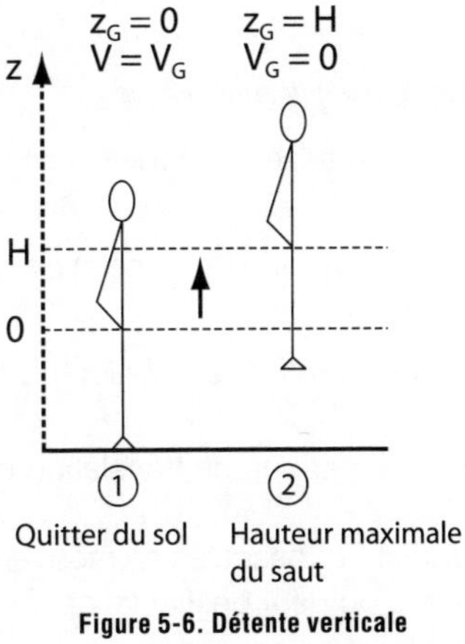

Figure 5-6. Détente verticale

Lors du saut en contrebas, l'énergie mécanique totale dans les états (1) et (2) doit être égale :

$E_{méca\,(1)} = E_{méca\,(2)}$

$Ep_1 + Ec_1 = Ep_2 + Ec_2$

$$mg.H + 0 = 0 + \frac{1}{2}.m.V_G^2$$

$$V_G^2 = 2gH$$

$$V_G = \sqrt{2gH}$$

Dans le cas de la détente verticale, la relation est similaire et inverse (les états 1 et 2 sont inversés), la relation entre la hauteur d'un saut et la vitesse de décollage est :

$$V_G^2 = 2gH$$

donc $H = \frac{V_G^2}{2g}$

Et par conséquent, quand le sujet retombe au sol, sa vitesse d'arrivée au sol est égale à sa vitesse de décollage (au signe près).

Théorème de l'énergie cinétique

ÉNONCÉ

La variation d'énergie cinétique d'un système est égale à la somme des travaux des forces internes et externes :

$$\sum W(\vec{F}_{ext}) + \sum W(\vec{F}_{int}) = Ec_{finale} - EC_{initiale} = \Delta Ec$$

Ce théorème est souvent utilisé pour estimer le travail des forces internes d'un corps en mouvement qui ne sont pas quantifiables « directement ».

Application : Cas de la course à pied.

Le corps humain (masse m) modélisé en un système articulé à n segments i (masse m_i) possède :

- une énergie cinétique de translation de ses n segments i : $Ec_1 = \sum_{i=1}^{n} \frac{1}{2}.m_i.V_{Gi}^2$
- une énergie cinétique de rotation de ses n segments i : $Ec_2 = \sum_{i=1}^{n} \frac{1}{2}.I_{Gi}.\omega_{Gi}^2$
- une énergie cinétique de translation de son CdG : $Ec_3 = \frac{1}{2}.m.V_G^2$

Les termes Ec_1 et Ec_2 associés au mouvement des segments correspondent à l'énergie cinétique interne ou de « gesticulation » du corps.

Ec_3 est l'énergie cinétique externe relative au déplacement du CdG.

Donc l'énergie cinétique totale du corps en mouvement est égale à :

$$Ec_{totale} = \sum_{i=1}^{n} \frac{1}{2}.m_i.V_{Gi}^2 + \sum_{i=1}^{n} \frac{1}{2}.I_{Gi}.\omega_{Gi}^2 + \frac{1}{2}.m.V_G^2$$

Les forces externes qui s'appliquent sur le corps sont :

- le poids du sujet : $\vec{P}$,
- les forces de réaction du sol : $\vec{R}$. Si les contacts au sol se font sans glissement, les forces de réaction ne se déplacent pas donc leur travail est nul.

Donc la somme des travaux des forces externe se résume au travail du poids du corps qui correspond à la variation de l'énergie potentielle de pesanteur (car le poids est une force dite conservative) :

$$\sum W(\vec{F}_{ext}) = W(\vec{P}) = -\Delta Ep_p = -m.g.\Delta H$$

Le théorème de l'énergie cinétique appliqué par exemple à un sujet qui court s'écrit donc :

$$\sum W(\vec{F}_{int.}) - m.g\Delta H = \Delta\left[\sum_{i=1}^{n}\frac{1}{2}.m_i.V_{Gi}^2 + \sum_{i=1}^{n}\frac{1}{2}.I_{Gi}.\omega_{Gi}^2 + \frac{1}{2}.m.V_G^2\right]$$

$$\boxed{\sum W(\vec{F}_{int.}) = \left(\sum_{i=1}^{n}\frac{1}{2}.m_i.\Delta V_{Gi}^2 + \sum_{i=1}^{n}\frac{1}{2}.I_{Gi}.\Delta\omega_{Gi}^2\right) + \left(+\frac{1}{2}.m.\Delta V_G^2 + m.g\Delta H\right)}$$

Le travail des forces internes est donc égal à la somme de la variation d'énergie de gesticulation et de la variation d'énergies cinétique et potentielle du CdG.

2 Puissance musculaire et mode de contraction

Cas du muscle isolé

(Voir Chapitre 2)

Contraction isométrique

Variation de longueur musculaire : $\Delta l = 0$, vitesse de raccourcissement musculaire $V = 0$

Travail musculaire : $W = \vec{F}.\Delta\vec{l} = 0$

Puissance musculaire : $P = \vec{F}.\vec{v} = 0$

Contraction concentrique

Variation de longueur musculaire : $\Delta l \neq 0$, Raccourcissement musculaire

Travail musculaire positif ou moteur : $W = \vec{F}.\Delta\vec{l} > 0$

Puissance musculaire positive : $P = \vec{F}.\vec{v} > 0$

Contraction excentrique

Variation de longueur musculaire : $\Delta l \neq 0$, Allongement musculaire

Travail musculaire négatif ou résistant : $W = \vec{F}.\Delta\vec{l} < 0$

Puissance musculaire négative : $P = \vec{F}.\vec{v} < 0$

Voir fig. 5-7.

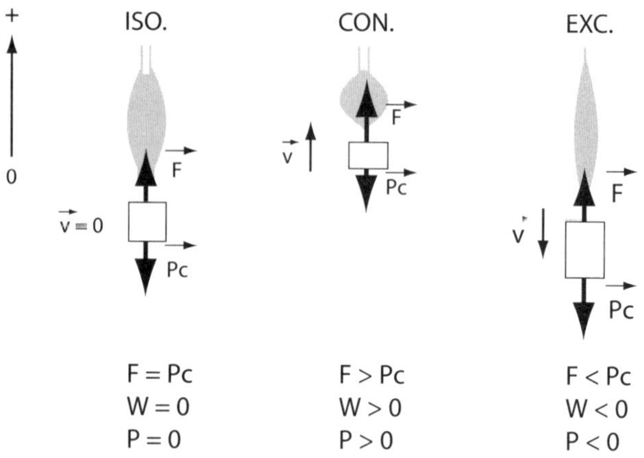

ISO : isométrique, CON : Concentrique, EXC : Excentrique,
F : Force musculaire, Pc : Poids de la charge, W : travail, P : Puissance

Figure 5-7. Travail et puissance lors des trois modes de contraction du muscle isolé

Cas du muscle *in situ*

Contraction isométrique

Variation de position angulaire : $\Delta\theta = 0$

Travail musculaire : $W = M.\Delta\theta = 0$

Puissance musculaire : $P = M.\omega = 0$

Contraction concentrique

Variation de position angulaire : $\Delta\theta \neq 0$, Raccourcissement musculaire

Travail musculaire positif ou moteur : $W = M.\Delta\theta > 0$

Puissance musculaire positive : $P = M.\omega > 0$

Contraction excentrique

Variation de position angulaire : $\Delta\theta \neq 0$, Allongement musculaire

Travail musculaire négatif ou résistant : $W = M.\Delta\theta < 0$

Puissance musculaire négative : $P = M.\omega < 0$

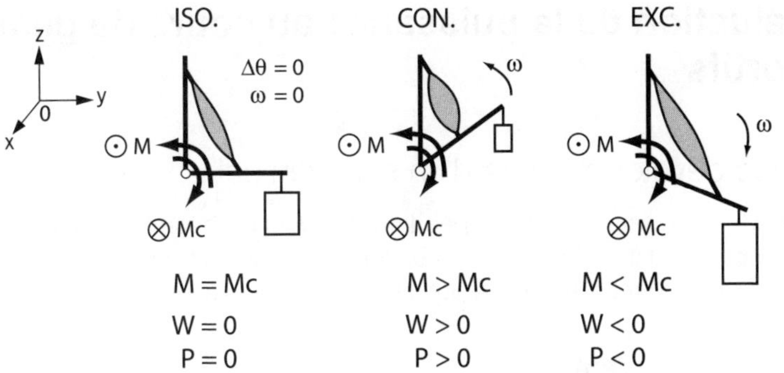

ISO : isométrique, CON. Concentrique, EXC. Excentrique.
M : Moment musculaire, Mc : Moment de la charge, W : travail, P : Puissance

Figure 5-8. Travail et puissance lors des trois modes de contraction du muscle *in situ* (muscles fléchisseurs du coude)

Mesure de la puissance sur ergomètre isocinétique

Dans le cas du muscle *in situ*, il n'est pas possible de connaître directement les relations force-longueur (*F*, *L*) et force-vitesse (*F*, *V*) du muscle. On utilise alors les relations moment-angle (*M*, θ) et moment-vitesse angulaire (*M*, ω) qui ne sont que l'expression périphérique des propriétés du ou des muscles responsables au mouvement (voir chapitre 2).

À partir de la relation (*M*, ω) obtenue sur ergomètre isocinétique, il est alors possible de connaître la relation puissance-vitesse angulaire (*P*, ω), figure 5-9.

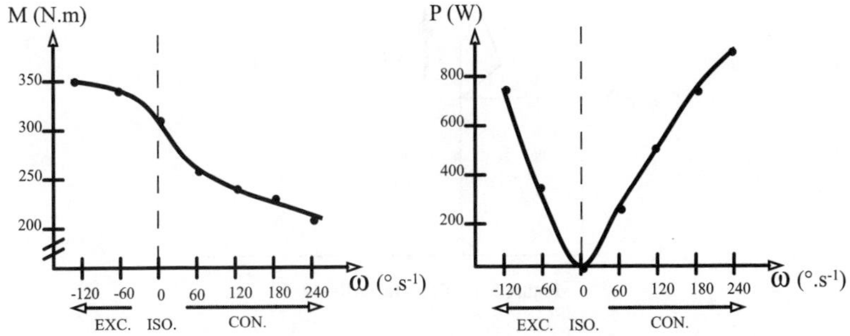

Lors de la contraction isométrique, la puissance est nulle.
EXC. Excentrique, ISO. Isométrique, CON. Concentrique.

Figure 5-9. Relation (M, ω) et (P, ω) obtenues au niveau des muscles extenseurs du genou à partir de mesures effectuées sur ergomètre isocinétique (ω = cte)

3 Évaluation de la puissance au cours de gestes sportifs

Puissance développée lors d'un saut vertical

La mesure de la puissance développée lors d'un test de détente verticale, lors d'une montée d'escalier (test de Margaria) ou encore lors d'un test de type force-vitesse sur cyclo-ergomètre permet d'évaluer le potentiel anaérobie alactique d'un sujet.

Méthode de Sargent

La méthode de Sargent utilise la mesure de la hauteur maximale du saut pour estimer une puissance moyenne d'élévation du CdG au cours de la phase ascendante du saut. La hauteur du saut peut être mesurée par différentes techniques : équerre murale graduée, ceinture d'Abalakov (ceinture fixée au sujet et reliée à un câble monté sur un enrouleur qui se déroule lors du saut), tapis de Bosco, Otpojump. La connaissance de la hauteur du saut permet, à elle seule, de calculer une puissance moyenne fournie par le sujet lors du saut.

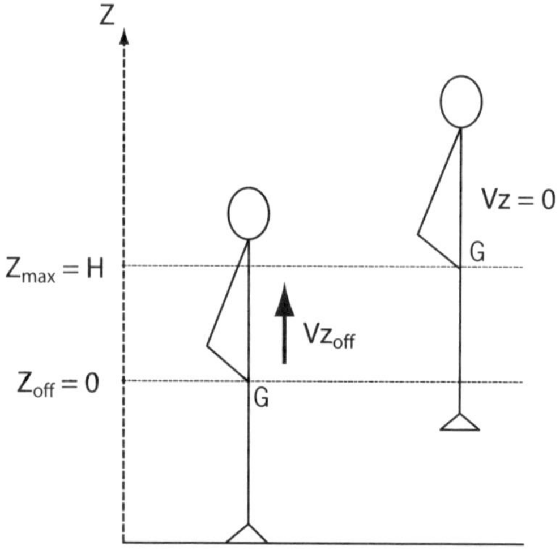

Figure 5-10. Détente verticale

Calcul de la puissance à partir du test de Sergent (Formule de Lewis)

Le travail du poids du corps au cours d'un saut d'une hauteur H est égale à :

$W = m.g.H$

La puissance moyenne au cours de la phase ascendante d'une durée t_a est égale à :

$$P = \frac{mgH}{t_a}$$

Exprimons t_a en fonction du seul paramètre mesuré : H la hauteur du saut.

D'après le PFD : $\sum \vec{F}_{ext} = m.\vec{a}_G$.

Pendant la phase aérienne, la seule force qui agit sur le sujet est le poids donc :

$\vec{P} = m.\vec{a}_G$

En projection sur l'axe verticale (O_z) :

$-mg = m.a_z$

$a_z = -g$, donc la vitesse instantanée du CdG s'exprime :

$V_z(t) = -g.t + Vz_{off}$, la position instantanée du CdG s'exprime :

$Z_G(t) = -\frac{1}{2}.g.t^2 + Vz_{off}.t$ (si la position du CdG à t_{off}: $Z_{off} = 0$)

Le CdG atteint son altitude maximale H quand $V_z = 0$ *i.e.* à l'instant $T_a = \frac{Vz_{off}}{g}$ (1)

Donc $H = Z_{max}$ est égal à :

$$H = -\frac{1}{2}.g.\left(\frac{Vz_{off}}{g}\right)^2 + V_{zoff}.\frac{Vz_{off}}{g}$$

$$H = \frac{V^2z_{off}}{2g} \text{ et } Vz_{off} = \sqrt{2gH}$$

En remplaçant dans (1) on obtient : $T_a = \sqrt{\frac{2H}{g}}$

La puissance moyenne d'élévation du CdG est alors égale à :

$$P = \frac{mgH}{T_a} = \frac{mgH}{\sqrt{\frac{2H}{g}}} = mg\frac{\sqrt{g}}{\sqrt{2}}\sqrt{H}$$

avec $g = 9{,}81\ m.s^{-2}$, on obtient :

$$\boxed{P = 21{,}73.m.\sqrt{H}}$$

appelée aussi formule de Lewis

Exemple :
sujet 75 kg ; détente $H = 60$ cm ⇒ $P = 1\,262\ W$ (soit 16,8 $W.kg^{-1}$)

Puissance mesurée par une plate-forme de force

La puissance calculée à partir des données d'une plate-forme de forces correspond à une puissance instantanée pendant l'impulsion, qui atteint une valeur maximale peu avant que le sujet quitte le sol. Elle est égale au produit de la réaction du sol ($\vec{R}$) par la vitesse du CdG ($\vec{V}_G$) :

$P = \vec{R}(t).\vec{V}_G(t)$

soit : $P(t) = R_x(t).V_x(t) + R_y(t).V_y(t) + R_z(t).V_z(t)$

Si on considère que le déplacement du CdG est purement vertical alors:

$P(t) = R_z(t).V_z(t)$

On peut exprimer V_z en fonction de R_z:

$$V_z(t) = \int_0^t a_z.dt + Vz_0 = \int_0^t \left(\frac{R_z - m.g}{m}\right) dt + Vz_0$$

donc:

$$P(t) = R_z(t).\left[\int_0^t \left(\frac{R_z - m.g}{m}\right) dt + Vz_0\right]$$

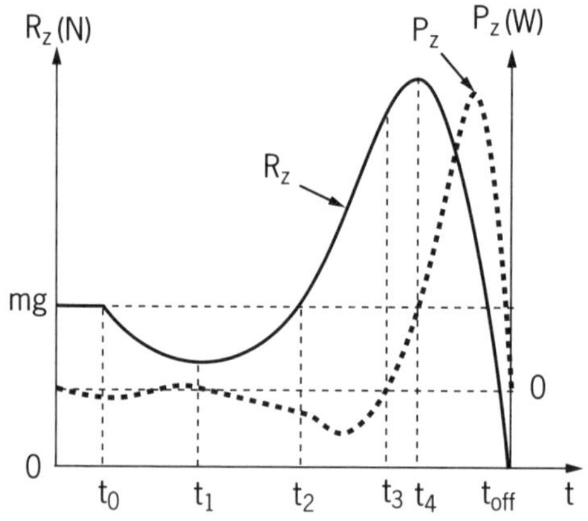

t_0 : Début du mouvement, t_1 : Accélération maximale vers le bas, t_2 : Début du freinage vers le bas, t_3 : Flexion maximale ($V_z = 0$, $P_z = 0$), t_4 : Accélération maximale vers le haut, t_{off}: Décollage.

Figure 5-11. Allure de la réaction du sol $R_z(t)$ et de la puissance $Pz(t)$ lors un CMJ

Remarque:
Pour les sauts sans élan (SJ, CMJ) : Vz_0

$$P(t) = R_z(t).\left[\int_0^t \left(\frac{R_z - m.g}{m}\right) dt\right]$$

Test des escaliers de Margaria

Le test de Margaria consiste, après une course d'élan de 2 m, à monter le plus vite possible deux par deux 12 marches d'escalier.

Entre la 3e et la 9e marche, on mesure le temps T (la vitesse doit rester constante).

La valeur de puissance calculée par cette méthode correspond à une puissance moyenne d'élévation du CdG entre la 3e et la 9e marche.

Figure 5-12. Test de Margaria

La puissance moyenne d'élévation du CdG entre la 3e et 9e marche est égale à :

$$P = \frac{W}{T} = \frac{m.g.H}{T} = \frac{m.g.6h}{T}$$

Exemple : Hauteur de marche standard : h = 17,4 cm, m = 75 kg, T = 450 ms

$\Rightarrow P$ = 1 707 W (22,8 $W.kg^{-1}$)

Remarque :
La limite méthodologique de ce test concerne le positionnement du CdG plus ou moins avancé lors de la montée des marches et la constance de la vitesse pendant la montée.

Test sur bicyclette ergométrique

Ce test de puissance consiste à pédaler le plus vite possible pendant environ 5 s sur une bicyclette ergométrique avec des forces de freinage F_f croissantes. On enregistre pour différentes forces F_f, la vitesse maximale de pédalage qui est atteinte, grâce par exemple à un système optoélectronique. On peut alors tracer une relation (F_f, V) et en déduire une relation (P, V) avec $P = F_f.V$. Par extrapolation (fig. 5-13), on trouve la valeur de puissance mécanique maximale produite par le sujet. La fréquence de pédalage correspondant à P_{max} est appelée fréquence optimale. La valeur de puissance obtenue est une valeur maximale instantanée contrairement aux tests précédents (Sargent, Margaria) où la puissance calculée était une puissance moyenne d'élévation du CdG.

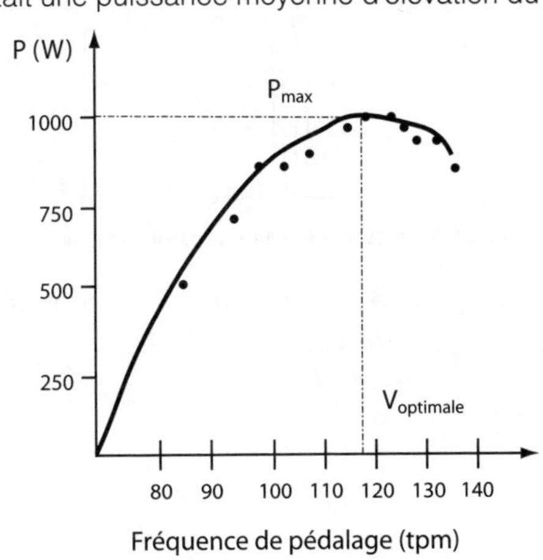

Figure 5-13. Relation (*P*, *V*) obtenue à partir d'un test sur ergocycle. P_{max} = 1 000 *W*, V_{opt}. = 118 *rpm*

Comparaison des valeurs de puissance entre les tests

Exemple :
Comparaison des valeurs de puissance entre le test de Margaria et le test de Sargent

Supposons que l'on trouve 1 700 W avec la méthode Margaria ; pour la même valeur de puissance, avec la méthode de Sargent, cela nécessiterait une détente verticale égale à :

$$H = \frac{P^2}{(21{,}73.m)^2} \text{ car } P = 21{,}73.m.\sqrt{H}$$

avec P = 1 700 W et m = 75 kg, on trouve une hauteur H = 1,09 m

Cette hauteur de saut est très élevée et fort peu probable.

Cet exemple montre donc que les valeurs de puissance mesurées entre les différents tests ne sont pas comparables car les méthodes de calcul et la signification des puissances calculées diffèrent entre les tests.

Dans le cas du test de Sargent, la puissance calculée est une puissance moyenne contre la force de pesanteur et non une puissance musculaire au sens propre. Lors du test sur ergocycle, la puissance mesurée est une puissance mécanique instantanée maximale et ne correspond pas à la puissance musculaire proprement dite.

L'Ergopower

L'Ergopower est un ergomètre à mesure de déplacement linéaire de charge (sans capteur de force). Le déplacement de la charge à soulever est mesuré de façon précise, et est utilisé pour calculer la vitesse et l'accélération par dérivation (fig. 5-14).

Exemple d'utilisations possibles : Mouvement de Squat, développer couché

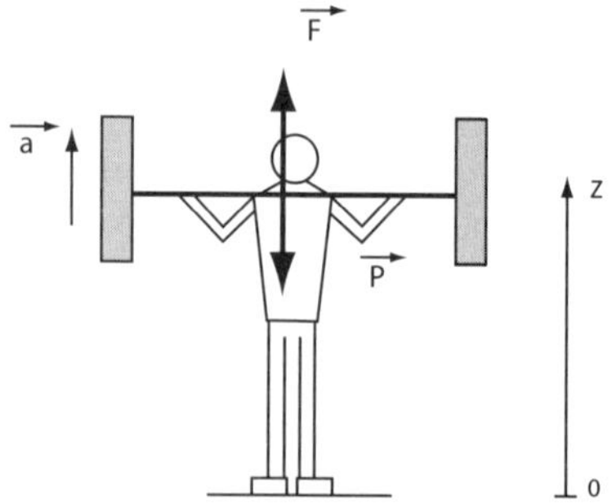

Figure 5-14. Mesure de la puissance sur Ergopower

D'après le PFD appliqué à la charge de masse m qui est déplacée :

$$\Sigma \vec{F}_{ext} = m.\vec{a} \qquad \vec{F} + \vec{P} = m.\vec{a}$$

En projection sur l'axe vertical (O_z) :

$F - mg = m.a$

$F = mg + m.a$

$F = m.(g + a)$

La puissance instantanée est égale à :

$P = F.v$

Soit :

$$\boxed{P = m.(g + a).v}$$

Remarque :
Ce calcul ne tient pas compte de la masse du « haut du corps » qui est déplacée (voir exercice 5.2).

Estimation de la puissance lors de sauts successifs (méthode de Bosco)

Ce test est utilisé pour évaluer la puissance développée par les membres inférieurs au cours d'une succession de sauts (CMJ) sur des périodes pouvant varier de 5 à 60 secondes.

Suivant la durée du test, des aptitudes différentes (anaérobie alactique et/ou lactique) sont évaluées.

Matériel utilisé : Tapis de Bosco ou Optojump

a. Optojump

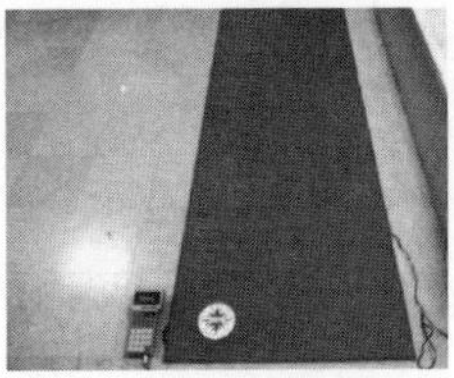

b. Tapis de Bosco

a. L'Optojump est constitué de 2 réglettes équipées de cellules photoélectriques. Quand le sujet est « au sol », ses pieds coupent les faisceaux des cellules ; quand il est « en l'air », les cellules sont libres.

b. Le tapis de Bosco est un tapis de sol équipé de contacteurs, reliés à un boîtier (chronomètre), qui détectent si le sujet est en contact avec le sol ou en suspension.

Figure 5-15

Paramètres mesurés : N^{bre} de sauts, Durées des phases aériennes et des phases de contact au sol

La puissance moyenne relative fournie lors de n sauts selon la méthode de Bosco, exprimée en W.kg^{-1}, est égale à :

$$\boxed{P_{moy} = \frac{g^2.T_f.T}{4.n.T_c} \quad \text{Formule de Bosco}}$$

T_f : Durée totale des phases aériennes

T_c : Durée totale des phases de contact

T : Durée totale du test (T_f + T_c)

g : Accélération de la gravité (9,81 $m.s^{-2}$)

n : Nombre de sauts

Exemple : Test de 15 s ; 12 sauts ; T_f = 7,5 s ⇒ P_{moy} = 30 W.kg^{-1}

Démonstration de la formule de Bosco

a. Détermination du déplacement H_c du CdG du sujet pendant la phase de contact au sol pour un saut.

Hypothèses simplificatrices :

- Pendant la phase de contact, la durée de phase de flexion (T_{fle}) est égale à la durée de la phase d'extension (T_{ext}) : $T_{ext} = T_{fle}$

  donc :

  $T_c = T_{ext} + T_{fle} = 2.T_{ext}$

- Pendant la phase d'extension, la vitesse varie linéairement en fonction du temps : $V = k.t$

  donc :

  $V = k.t$, et en particulier : $Vz_{off} = k.T_{ext} = k.\frac{T_C}{2}$ donc $k = \frac{2.Vz_{off}}{T_C}$

  $V = k.t \Rightarrow z = \frac{1}{2}k.t^2$ donc à l'instant où le sujet quitte le sol (T_{ext}) :

  $$z = H_c = \frac{1}{2}.\frac{2.Vz_{off}}{T_C}.\left(\frac{T_C}{2}\right)^2$$

  Il reste à exprimer Vz_{off} en fonction du temps de T_f :

  L'instant où le sujet atteint sa hauteur maximale est égal à $\frac{T_f}{2}$

  Donc : $Vz = 0 = -g.\frac{T_f}{2} + Vz_{off}$

  $$Vz_{off} = g.\frac{T_f}{2}$$

  Finalement : $H_c = \frac{1}{2}.\frac{2}{T_c}.\frac{g.T_f}{2}.\left(\frac{T_c}{2}\right)^2$

  $$H_c = \frac{1}{8}.g.T_f.T_c$$

b. Détermination du déplacement total H du CdG pendant le mouvement

Le déplacement du CdG pendant la phase aérienne H_a est égal à : $H_a = \frac{1}{8}.g.T_f^2$ (voir chap. 4.4.3), donc :

$$H = H_c + H_a$$

$$H = \frac{1}{8}.g.T_f.T_c + \frac{1}{8}.g.T_f^2 = \frac{1}{8}.g.T_f(T_c + T_f)$$

$$H = \frac{1}{8}.g.T_f.T$$

c. Détermination du travail du poids du corps pendant un saut :

$$W = mg.H$$

$$W = mg.\frac{1}{8}.g.T_f.T$$

d. Détermination de la puissance moyenne développée au cours d'un saut en ne considérant que la durée de la phase d'extension dans le calcul pendant laquelle les muscles extenseurs de genou (quadriceps) ont une action concentrique :

$$T_{ext} = \frac{T_C}{2}$$

$$P = \frac{mg.H}{T_{ext}} = \frac{mg.H}{\frac{T_c}{2}} = mg.\frac{1}{8}.g.T_f.T.\frac{2}{T_c}$$

donc : $P = \frac{1}{4}mg^2.\frac{T_f.T}{T_c}$

e. L'expression de la puissance moyenne relative au poids de corps lors de n sauts est alors égale à :

$$\boxed{P_{moy} = \frac{1}{4}g^2.\frac{T_f.T}{n.T_c}}$$

Indice d'engagement participatif du sujet vis-à-vis de l'épreuve et « Capacité de résistance »

- L'*indice d'engagement* participatif en début d'épreuve du sujet vis-à-vis du test (< 60 s) est obtenu par le rapport :

  $$I_P = \frac{H_i}{H_{CMJ}}$$

  H_i : hauteur moyenne des 3 premiers sauts

  H_{CMJ} : hauteur de saut maximale sur un CMJ de référence

  Plus I_P est proche de 1, meilleur est l'engagement du sujet dans le test.

- La « *Capacité de résistance* » peut être évaluée à partir de deux indices :

  Premier indice $I_{R1} = \frac{H_{moy}}{H_{CMJ}}$

  Deuxième indice $I_{R2} = \frac{H_f}{H_i}$

  Hf : hauteur moyenne des 3 derniers sauts

  Plus ces indices sont proches de 1, meilleure est la capacité de résistance à des sauts enchaînés.

Le test de Wingate

Ce test est classiquement utilisé pour évaluer la résistance d'un athlète à un effort dit « lactique ». Il consiste à pédaler le plus vite possible pendant 30 s sur un cyclo-ergocycle ou un ergomètre à bras.

La résistance ou force de freinage F_f est fixée soit à la moitié de la force maximale théorique si un test de type force-vitesse a été réalisé au préalable (voir Test sur bicyclette ergométrique), soit à une valeur équivalente à 75 N/kg.

Le travail mécanique fourni par le sujet pendant les 30 s est égal à :

$W = F_f.L,$

L = Distance parcourue par cycle de pédalage × N^{bre} de tours de pédale.

La puissance moyenne fournie sur 30 s est égale à :

$$\boxed{P_{moy.} = \frac{W}{T} = \frac{W}{30}}$$

On mesure aussi au cours du test :

- La puissance maximale fournie dans les premières secondes du test.
- L'indice I_f de « fatigabilité » c'est-à-dire la perte de puissance au cours des 30 s exprimée en W.s^{-1}, qui va renseigner sur la résistance « lactique » du sujet.

$$I_f = \frac{P_{maxi} - P_{mini}}{\Delta T} = \frac{P_{maxi} - P_{mini}}{30}$$

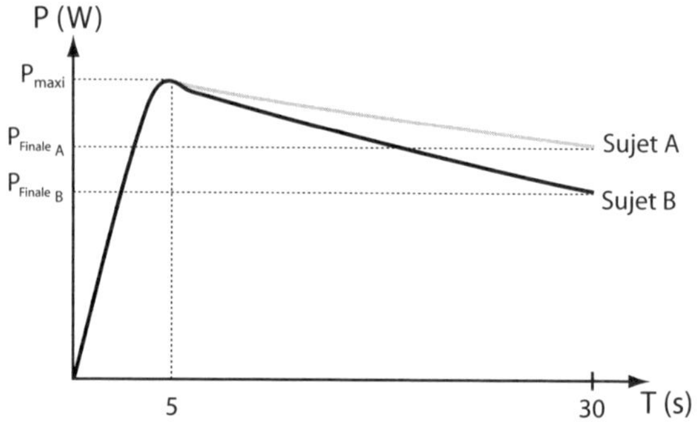

A et B développent la même puissance maximale au début du test mais la perte de puissance est plus importante pour B à la fin du test.

Figure 5-16. Exemple d'enregistrement de la puissance au cours d'un test de Wingate pour 2 sujets A et B

Sujet A : $I_f = \frac{800-600}{30} = 6,7$ W.s–1

Sujet B : $I_f = \frac{800-450}{30} = 11,7$ W.s–1

Les deux sujets développent la même puissance maximale mais l'indice de fatigue de A est plus petit que celui de B, A possède donc une meilleure résistance lactique.

Application : voir exercice 5.6

Le RAST (*Running-based Anaerobic Sprint Test*)

Ce test permet d'évaluer la performance anaérobie lactique. Si le test de Wingate est plus spécifiquement adapté pour les cyclistes, le RAST test est préférentiellement utilisé pour des athlètes qui utilisent la course à pied dans leur pratique.

Le RAST test consiste, après un échauffement adéquat, à enchaîner 6 sprints d'une longueur (D) de 35 m avec 10 secondes de récupération entre les sprints. On mesure la performance chronométrique (T) lors des 6 sprints.

On peut ramener la performance chronométrique à une valeur de puissance, en effet :

$P = F.v$

$P = ma.v$

Or : $v = \frac{D}{T}$ et $a = \frac{V}{T} = \frac{D}{T^2}$, D = distance, T = temps, a = accélération, v = vitesse

Donc

$$P = m.\frac{D}{T^2}.\frac{D}{T}$$

$$\boxed{P = m.\frac{D^2}{T^3}}$$

À partir des 6 valeurs de puissance obtenues lors du test, on peut alors calculer :

- La puissance maximale P_{max} (valeur la plus élevée).
- La puissance minimale P_{mini} (valeur la plus faible).
- La puissance moyenne P_{moy} (somme des 6 valeurs/6).
- L'indice de fatigue : $I_f = \frac{P_{max} - P_{mini}}{T_{total}}$. Plus I_f est faible (< 10), meilleure est la capacité de l'athlète à maintenir à un effort de type « anaérobie lactique ».

Exemple :

Athlète (m = 76 kg)

Sprint	Temps (s)	Puissance (W)
1	4,52	1 008
2	4,75	869
3	4,92	782
4	5,21	658
5	5,46	572
6	5,62	525

P_{max} = 1 008 W
P_{mini} = 525 W
P_{moy} = 736 W
I_f = 483 ÷ 30,48 = 15,8 W/s

La puissance développée en cyclisme

Puissance externe

Pour se déplacer à une vitesse V_G, un cycliste doit fournir une puissance externe égale au produit de la force de résistance à l'avancement (F) par la vitesse de déplacement (V_G) :

$P = F.V_G$

Il y a 3 forces principales qui opposent une résistance à l'avancement :

- Les frottements de l'air : F_a.
- Les frottements de roulement dû au contact pneu-sol : F_r
- La force de gravité due au poids pour un déplacement en côte : F_g.

donc : $P = (F_a + F_r + F_g).V_G$

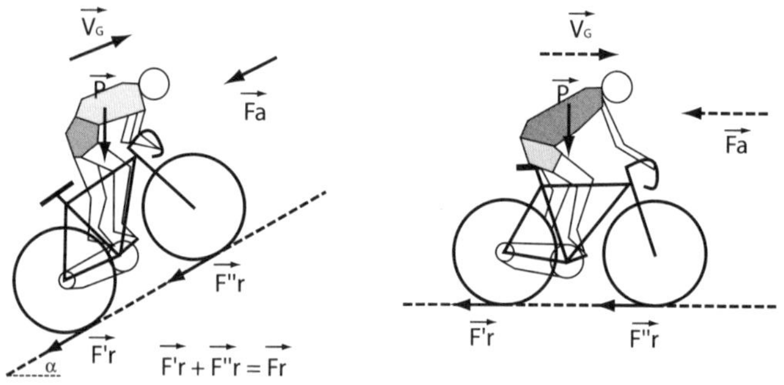

Figure 5-17. Les forces de résistance à l'avancement en cyclisme

Frottements de l'air

$$F_a = \frac{1}{2}.\rho.C_d.A.V_a^2$$

ρ : densité de l'air (kg.m^{-3})

C_d : Coefficient aérodynamique

A : Surface frontale (m^2)

V_a : Vitesse de l'air ($m.s^{-1}$) = Vitesse de déplacement V_G + Vitesse du vent V_v

$\vec{V_a} = \vec{V_G} + \vec{V_v}$, si le cycliste a le vent dans le dos alors $\vec{V_v} < 0$

Frottements de roulement

$F_r = C_r.m.g.\cos\alpha$

C_r : Coefficient de frottement de roulement

m = Masse totale cycliste + vélo (kg)

g = Accélération de la gravité (9,81 $m.s^{-2}$)

α = Inclinaison de la route (degré)

$$C_r = \frac{F_r}{F_n}$$

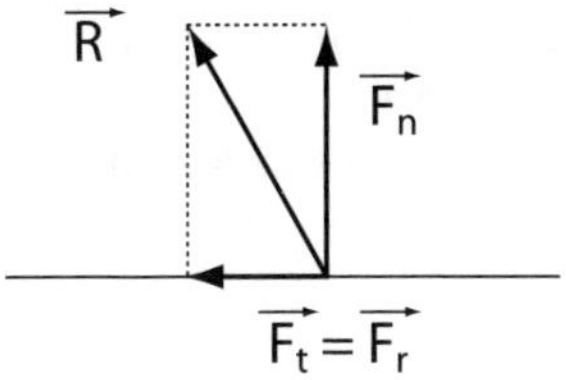

Figure 5-18. Le coefficient de frottement de roulement est égal au rapport entre la force tangentielle ou radiale et la force normale

Force de gravité

$F_g = P.\sin\alpha = m.g.\sin\alpha$

Finalement :

$$P = \left[\frac{1}{2}.\rho.C_d.A.V_a^2 + C_r.m.g.\cos\alpha + m.g.\sin\alpha\right].V_G$$

Remarque :

a. Ce calcul ne tient pas compte des frottements des pièces mécaniques du vélo tels que les roulements des axes de roues et la friction de la chaîne, et des modifications d'énergie cinétique en translation et en rotation (inertie des roues).

b. Si la pente est nulle ($\alpha = 0$) : le terme $m.g.\sin\alpha$ est nul.

c. Relation pente-inclination de la route (fig. 5-19)

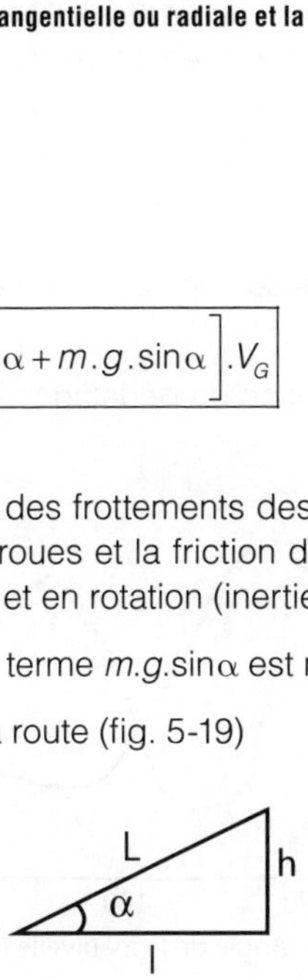

Figure 5-19. Relation entre la pente et l'inclinaison de la route

L = longueur parcourue

h = dénivellé

l = projection de L sur l'horizontale

$\tan\alpha = \frac{h}{l}$ donc $\alpha = \text{Arctan}\left(\frac{h}{l}\right)$

La pente (en %) d'une route est égale à :

$$\text{Pente (\%)} = \frac{h}{l}.100 \quad \text{soit Pente (\%)} = \tan\alpha.100$$

Exemple :

$$h = 150 \text{ m}, \; l = 1000 \text{ m} \Rightarrow \text{pente} = \frac{150}{1000}.100 = 15\ \%$$

$\alpha = \text{Arctan}\left(\frac{150}{1000}\right) = 8{,}53°$. Une pente de 15 % correspond à un angle de 8,53°

Applications : Exercice 5.5

Puissance interne

Il est possible de modéliser le geste de pédalage en cyclisme grâce à la combinaison d'une analyse cinématique des membres inférieurs (position, vitesse et accélération angulaires) et d'une analyse cinétique (forces appliquées sur les pédales). Cette modélisation utilisant les lois de la dynamique permet de calculer les moments et les puissances aux différentes articulations (hanche, genou, cheville) lors d'un exercice de pédalage réalisé à une puissance externe donnée. Il est aussi possible de distinguer la contribution respective des moments musculaires, gravitaires et de friction à la production de puissance (fig. 5-20).

Puissance externe : 250 W, fréquence de pédalage : 90 rpm. 0° : Pédale en haut.

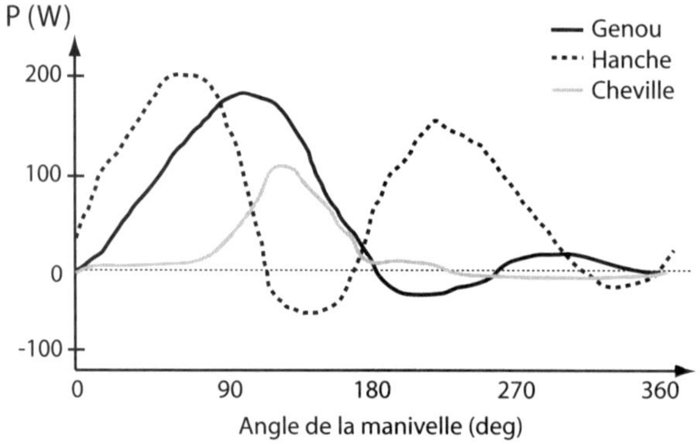

Figure 5-20. Puissance aux trois articulations (cheville, genou, hanche) sur un cycle de pédalage

EXERCICES

EXERCICE 5.1 : LANCER AU BASE-BALL

On suppose qu'une balle de base-ball (m = 140 g) est lancée horizontalement, sans vitesse initiale, avec une force constante égale à 35 N pendant une durée de 100 ms.

1. Calculer le travail fourni à la balle durant le temps d'application de la force.
2. En réalité, la force appliquée à la balle pendant le lancer varie en fonction du temps comme sur la figure ci-dessous.

Figure 1

Donner l'allure approximative de la vitesse $V(t)$ de la balle, de la puissance fournie à la balle $P(t)$ et du travail $W(t)$, en fonction du temps.

EXERCICE 5.2 : ERGOPOWER

Au cours d'un mouvement de squat effectué sur Ergopower, un athlète (M = 75 kg) soulève une charge de 100 kg. Le pic de puissance est obtenu pour une vitesse de déplacement de 2 $m.s^{-1}$ et une accélération de 3 $m.s^{-2}$. (g = 10 $m.s^{-2}$)

1. Calculer la valeur du pic de puissance obtenue.
2. Discuter de la validité de cette mesure.
3. Au cours du mouvement de squat, la charge est déplacée de 30 cm en 300 ms. Calculer le travail total fourni pour déplacer la charge et la puissance moyenne développée au cours du mouvement.
4. Pour une charge à soulever plus lourde, comment évolueraient le travail fourni et la puissance moyenne développée ?

EXERCICE 5.3 : IMPULSION AU COURS D'UN CONTRE AU VOLLEY-BALL

La figure ci-après représente l'allure de la réaction du sol verticale $R_z(t)$ (tracé gris) et de la puissance $Pz(t)$ (tracé noir) au cours de l'impulsion. La masse du volleyeur est égale à 80 kg.

1. Rappeler le principe de calcul de la puissance à partir d'une plate-forme de forces. À quel type de saut connu peut-on assimiler ce « contre » ?
2. Calculer la vitesse V_Gz du joueur aux 4 instants : t_2, t_3, t_4 et à l'instant où la puissance est maximale (t_5). Représenter sur un graphe l'allure de la courbe $V_Gz(t)$ en respectant l'échelle des temps : t_1, t_2… et en indiquant les valeurs $V_Gz(t_2)$, $V_Gz(t_3)$, $V_Gz(t_4)$, $V_Gz(t_5)$ calculées précédemment.

3. Si la hauteur du saut est égale à 64 cm, quelle est la valeur de puissance calculée à partir de la formule de Lewis (test de Sargent) ? Comparer la valeur obtenue avec la valeur P_{max} mesurée avec la plate-forme de forces. Comment expliquez-vous la différence entre les valeurs ?

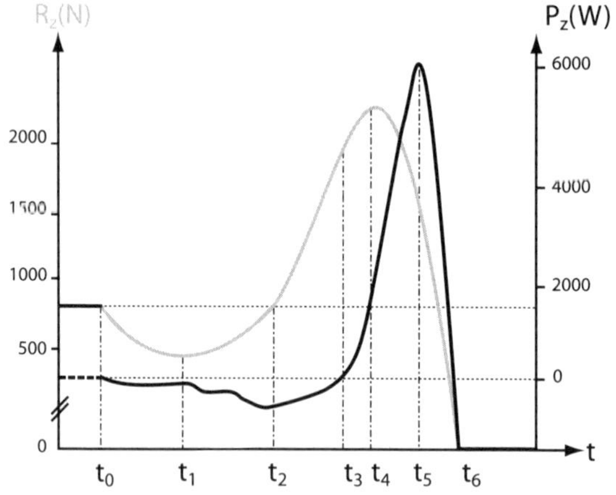

R_z : Réaction verticale P_z : Puissance verticale

Figure 1

EXERCICE 5.4 : ÉVOLUTION DU MOMENT AU COURS DU CYCLE DE PÉDALAGE EN CYCLISME

Un sujet cycliste possède une PMA égale à 300 W. Il réalise un exercice sur ergocycle à une intensité correspondant à 70 % de sa PMA, pendant une heure, avec une fréquence de pédalage constante égale à 90 tours par minute. L'ergocycle est équipé de jauges de contraintes qui permettent de connaître le couple (moment) appliqué sur les deux manivelles du pédalier. La figure 1 représente un enregistrement du moment (côtés gauche et droit) au cours d'un cycle de pédalage (360°).

1. À quelle puissance le sujet réalise-t-il l'exercice ?
2. Quel est le moment (couple) moyen fourni pour ce niveau de puissance ?
3. Quel est le travail total produit au cours de l'exercice ?
4. Décrire et expliquez l'allure des courbes de moment de la figure 1.
5. À partir de la figure 1, comment pourrait-t-on approximativement calculer le travail fourni sur un cycle ? Donner une valeur approximative de celui-ci.
6. À partir de la valeur du travail fourni sur un cycle, estimée précédemment, calculer le travail total fourni pendant l'heure d'exercice. Comparer la valeur obtenue à celle du 3).

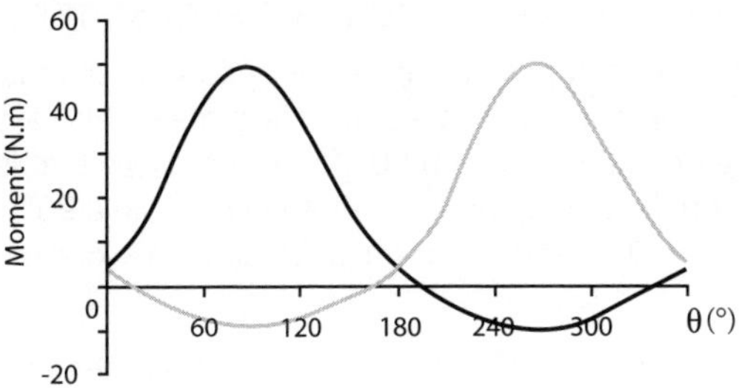

Courbe grise = jambe droite, Courbe noire = jambe gauche. 0° = pied gauche position haute.

Figure 1. Évolution du moment mécanique en fonction de l'angle au cours d'un cycle de pédalage

EXERCICE 5.5 : CALCUL DE LA PUISSANCE EN CYCLISTE

1. Calculer la puissance développée par un cycliste dans les conditions suivantes :
   Masse du cycliste m = 70 kg
   Masse du vélo : 10 kg
   Vitesse du vent contraire : $V_v = 3\ m.s^{-1}$
   Vitesse de déplacement : $V_G = 7\ m.s^{-1}$ (25,2 $km.h^{-1}$)
   Surface frontale : $A = 0{,}4\ m^2$
   Densité de l'air : $r = 1{,}2\ kg.m^{-3}$
   Coefficient aérodynamique : $C_d = 0{,}8$
   Coefficient de frottement de roulement : $C_r = 0{,}0032$
   Pente 5 %, soit $a = 2{,}86°$
2. Recalculer la puissance dans les mêmes conditions mais avec une pente nulle.

EXERCICE 5.6 : TEST DE WINGATE

Un athlète (70 kg) effectue un test de Wingate sur un cyclo-ergomètre.

La force de freinage est fixée à 50 N, la distance parcourue par tour de manivelle est égale à 6 mètres. Le tableau ci-contre donne le nombre de tours de manivelle par tranche de 5 s.

Temps	Nbre de tours
0-5 s	12
5-10 s	10
10-15 s	8
15-20 s	7
20-25 s	6
25-30 s	5

1. Calculer par tranche de 5 s : le travail mécanique fourni et la puissance moyenne correspondante.
2. Estimer le travail total et la puissance moyenne sur les 30 s.
3. Représenter sur un graphe l'évolution de la puissance au cours du test.
4. Calculer l'indice de fatigabilité.

EXERCICE 5.7 : MESURE DE LA PUISSANCE SUR ERGOMÈTRE ISOCINÉTIQUE

Afin de mesurer le travail et la puissance développés par les muscles extenseurs du genou, on demande à un sujet de réaliser un effort maximal d'extension du genou à une vitesse angulaire constante égale à $60°.s^{-1}$ sur un ergomètre isocinétique de type Biodex. La position angulaire du genou au départ est fléchie à 90°, la position finale est l'extension complète à 180°. La figure ci-dessous donne l'évolution du moment (*M*) en fonction du temps.

1. Donner la valeur du moment maximal développé et l'angle auquel il est atteint.
2. Calculer approximativement le travail fourni et la puissance moyenne au cours du mouvement.
3. Représenter sur une figure la relation puissance en fonction du temps *P*(*t*) et donner la valeur de la puissance maximale atteinte au cours du mouvement.
4. Recalculer à partir de la relation *P*(*t*), le travail fourni au cours du mouvement.
5. Si on recommence le test à des vitesses angulaires plus grandes, comment vont évoluer le moment maximal, le travail fourni et la puissance moyenne ?

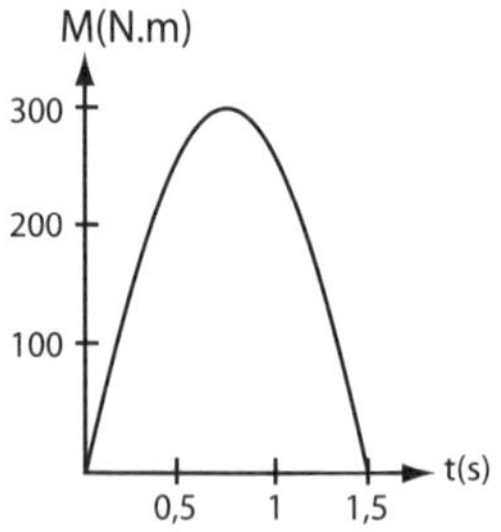

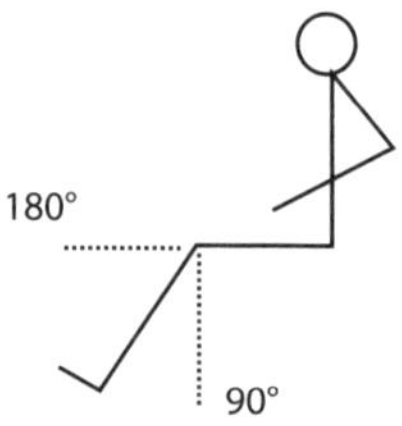

EXERCICE 5.8 : DOUBLE SALTO AVANT

Un gymnaste (m = 60 kg) veut effectuer un double salto groupé avant. Le décollage et l'atterrissage au sol se font dans la même position. Calculer l'énergie mécanique totale qu'il doit fournir si la phase aérienne dure 1 s, s'il se déplace de 5 m vers l'avant et que le moment d'inertie moyen de son corps est égal à 50 $kg.m^2$. Les forces de frottements seront négligées. (g = 10 $m.s^{-2}$).

EXERCICE 5.9 : SAUT À ÉLASTIQUE

Un sujet (m = 100 kg) effectue un saut à l'élastique depuis un pont. L'élastique de masse négligeable, dont la raideur k est égale à 1 000 $N.m^{-1}$, s'allonge de 10 m au cours du saut. En fin de chute, juste avant de remonter, le centre de gravité du sauteur s'immobilise sur une durée infime à 10 m de la surface de l'eau. On néglige les frottements de l'air pendant la chute. (g = 10 $m.s^{-2}$).

Déterminer la hauteur du viaduc, la longueur de l'élastique au repos et la vitesse du sujet à la fin de la chute libre juste avant que l'élastique ne commence à s'étirer.

EXERCICE 5.10 : CALCUL DE LA PUISSANCE MOYENNE AU COURS D'UN TEST INCRÉMENTAL

Pour déterminer la puissance maximale aérobie (PMA) d'un sujet, on réalise en général un test incrémental par paliers sur ergocycle. Si le test commence à la puissance P_1, comprend n paliers d'une durée T avec un incrément constant de puissance ΔP entre chaque palier, donner la formule générale permettant de calculer la puissance moyenne développée au cours du test.

Rappel : la somme 1 + 2 + 3 +... + (n – 1) est égale à $\frac{1}{2}.n.(n-1)$ (n – 1)

Application numérique : $P_1 = 100$ W, $n = 7$, $\Delta P = 50$ W

EXERCICE 5.11 TESTS DE PUISSANCE

Deux athlètes A ($m = 75$ kg) et B ($m = 80$ kg) passent une série de tests afin d'évaluer leurs capacités anaérobies.

1. **Tests de détente**

H (cm)	Squat Jump	Counter Movement Jump
Sujet A	32	42
Sujet B	30	46

a. Calculer la puissance développée pour chaque saut selon la formule de Lewis en W et en W/kg.
b. Donner l'écart de puissance (en %) entre les 2 types de saut pour chacun des sujets ?
c. Quel est le sujet qui utilise le mieux le cycle étirement-raccourcissement ?

2. **Running-Based Anaerobic Sprint Test (RAST)**

Les sujets effectuent une série de 6 sprints de 30 m enchaînés avec 10 s de récupération entre chaque sprint. Leurs performances chronométriques sont indiquées dans le tableau ci-dessous.

Temps (s)	Sprint 1	Sprint 2	Sprint 3	Sprint 4	Sprint 5	Sprint 6
Sujet A	4 s 10	4 s 20	4 s 25	4 s 60	4 s 80	4 s 85
Sujet B	3 s 90	4 s 00	4 s 20	4 s 50	4 s 90	4 s 95

Pour chaque sujet :

a. Représenter sur une figure l'évolution de la puissance lors des 6 sprints,
b. Calculer la puissance moyenne développée au cours du RAST en W et en W/kg.
c. Calculer leur indice de fatigue,
d. Quel est le sujet qui a la meilleure « résistance anaérobie » ?

3. Test de Margaria

Après une course d'élan de 2 m, les sujets A et B montent le plus vite possible à vitesse constante, deux par deux, 12 marches d'escalier d'une hauteur de 20 cm chacune. Leur performances chronométriques entre la 3e et la 9e marche sont respectivement : sujet A : 460 ms ; sujet B : 480 ms. ($g = 10\ m.s^{-2}$).

Pour chaque sujet, calculer la puissance moyenne développée selon la formule de Margaria en W et en W/kg.

4. Bilan

Dans un tableau, faites le bilan des valeurs de puissance en W/kg mesurées par chacun des tests pour les deux sujets. Discutez les résultats obtenus.

CORRIGÉS

CHAPITRE 1

EXERCICE 1.1

Conditions statiques :

$$\sum \vec{F}_{ext} = \vec{0} = \vec{R} + \vec{P} + \vec{F}$$

Suivant les axes :

$$(Ox): F - P_x - R_x = 0 \Rightarrow F = P\sin\alpha + R_t = P\sin\alpha + R_n.\mu_l$$
$$(Oy): R_y - P_y = 0 \Rightarrow R_n = P\cos\alpha$$

Application numérique :

$$R_n = 800.9,81.\cos 30° = 6796\,N$$
$$F = 800.9,81\sin 30° + 6796.0,6 = 8002\,N$$
$$R = 7847,5\,N$$

EXERCICE 1.2

Le système : le sujet

Bilan des forces externes : les réactions au niveau du sol $(\vec{R}_m, \vec{R}_p)$ et poids du sujet $(\vec{P})$

Conditions statiques :

$$\sum \vec{F}_{ext} = \vec{0} = \vec{R}_p + \vec{P} + \vec{R}_m$$
$$\sum \vec{M}_o(F_{ext}) = \vec{0} = \vec{M}_o(\vec{R}_p) + \vec{M}_o(\vec{P}) + \vec{M}_o(\vec{R}_m)$$

Si O correspond au point d'application de R_m. Suivant $(\vec{i}, \vec{j}, \vec{k})$ nous avons :

$$\vec{i}: R_{p_x} - R_{m_x} = 0 \Rightarrow R_{m_x} = R_{p_x}$$
$$j: R_{p_y} + R_{p_y} - P = 0 \Rightarrow R_{p_y} = P - R_{m_y}$$
$$\vec{k}: M_o(\vec{R}_m) - M_o(\vec{P}) = 0 \Rightarrow M_o(\vec{R}_m) = M_o(\vec{P})$$

Application numérique :

$$R_{m_y} = \frac{70.9,81.0,95}{0,95 + 0,66} = 276,11N$$
$$R_{p_y} = 70.9,81 - 276,11 = 410,59\,N$$

Nous ne pouvons répondre complètement à la question car les composantes horizontales des réactions du sol ne peuvent être déterminées sans informations complémentaires (les réactions au niveau du sol peuvent ne pas être perpendiculaires au sol, c'est le cas lors de contact avec frottement).

EXERCICE 1.3

1. Tête en position verticale :

Système étudié : la tête

Bilan des forces externes : la force musculaire $\vec{M}$, la réaction de contact osseuse $\vec{R}$, le poids de la tête $\vec{P}$

Conditions statiques :

$$\sum \vec{F}_{ext} = \vec{0} = \vec{R} + \vec{P} + \vec{M}$$
$$\sum \vec{M}_A(F_{ext}) = \vec{0} = \vec{M}_A(\vec{R}) + \vec{M}_A(\vec{P}) + \vec{M}_A(\vec{M})$$

Les forces sont parallèles et verticales, suivant $\vec{j},\vec{k}$ nous avons :

$$\vec{j} : R - M - P = 0 \Rightarrow R = M + P$$
$$\vec{k} : M_A(\vec{M}) - M_A(\vec{P}) = \vec{0} \Rightarrow M_A(\vec{M}) = M_o(\vec{P}) \Rightarrow M.OA.\sin\beta = P.AG\sin\gamma$$
$$\Rightarrow M = \frac{P.AG.\sin\gamma}{OA.\sin\beta}$$

Application numérique :

$$M = \frac{3.9,81.0,10.\sin 30°}{0,11.\sin 60°} = 15,44\ N$$
$$R = 15,44 + 3.9,81 = 44,87\ N$$

2. Tête en position penchée :

Système étudié : la tête

Bilan des forces externes : la force musculaire $\vec{M}$, la réaction de contact osseuse $\vec{R}$, le poids de la tête $\vec{P}$.

Conditions statiques :

$$\sum \vec{F}_{ext} = \vec{0} = \vec{R} + \vec{P} + \vec{M}$$
$$\sum \vec{M}_A(F_{ext}) = \vec{0} = \vec{M}_A(\vec{R}) + \vec{M}_A(\vec{P}) + \vec{M}_A(\vec{M})$$

Suivant $\vec{i},\vec{j},\vec{k}$ nous avons :

$$\vec{i} : R_x - M_x = 0 \Rightarrow M_x = R_x$$
$$\vec{j} : R_y - M_y - P = 0 \Rightarrow R_y = M_y + P$$
$$\vec{k} : M_A(\vec{M}) - M_A(\vec{P}) = 0 \Rightarrow M_A(\vec{M}) = M_A(\vec{P}) \Rightarrow M = \frac{P.AG.\sin\gamma}{OA.\sin\beta}$$

Le sujet incline la tête de 30°, l'angle du vecteur $\vec{M}$ par rapport à l'horizontal est donc de 30°.

Application numérique :

$$M = \frac{3.9,81.0,10.\sin 60°}{0,11.\sin 90°} = 23,17\ Nm$$
$$R_x = M\sin 30° = 23,17\sin 30° = 11,58\ N$$

$R_y = M\cos 30° + P = 23,17.\cos 30° + 3.9,81 = 49,50\,N$

$R = \sqrt{R_x^2 + R_y^2} = 50,83\,N$

$$\tan\alpha = \frac{\sin\alpha}{\cos\alpha} = \frac{R\sin\alpha}{R\cos\alpha} = \frac{R_y}{R_x} = 4,27 \Rightarrow \alpha = 76,83°$$

EXERCICE 1.4

Système étudié : la jambe

Bilan des forces externes : $\vec{F_m}$ force musculaire développée par les muscles fléchisseurs de la jambe s'appliquant au point A ; $\vec{P}$ poids de la jambe s'appliquant en G ; $\vec{F_c}$ force de contact osseuse s'appliquant en O (Figure 2).

Conditions statiques

$$\sum \vec{F}_{ext} = \vec{0} = \vec{F_m} + \vec{F_c} + \vec{P}$$

$$\sum \vec{M}_o\left(\vec{F}_{ext}\right) = \vec{0} = \vec{M}_o\left(\vec{F}_m\right) + \vec{M}_o\left(\vec{F}_C\right) + \vec{M}_O\left(\vec{P}\right)$$

Suivant $\vec{i}$, $\vec{j}$, $\vec{k}$ nous avons

$\vec{i} : F_m x - F_c x = 0$

$\vec{j} : F_m y - F_c y - P = 0$

$\vec{k} : M_o\left(\vec{P}\right) - M_o\left(\vec{F}_m\right) = 0$

À partir de l'équation suivant $\vec{k}$ nous pouvons déterminer $\vec{F_m}$

$$\vec{k} : M_o\left(\vec{P}\right) - M_o\left(\vec{F}_m\right) = 0 \Rightarrow M_o\left(\vec{F}_m\right) = M_o\left(\vec{P}\right)$$

$$\Rightarrow F_m \times OA\sin\alpha = P \times OG\sin\theta$$

$$\Rightarrow F_m = \frac{P \times OG\sin\theta}{OA\sin\alpha}$$

En considérant les équations suivant $\vec{i}$, $\vec{j}$ nous pouvons déterminer $\vec{F_c}$

$$\vec{i} : F_m x - F_c x = 0 \;\Rightarrow \vec{i} : F_m x = F_c x \;\Rightarrow \vec{i} : F_c x = F_m \times \cos(90 - \theta + \alpha)$$

$$\vec{j} : F_m y - F_c y - P = 0 \;\Rightarrow \vec{j} : F_c y = F_m y - P \;\Rightarrow \vec{j} : F_c y = F_m \times \sin(90 - \theta + \alpha) - P$$

L'intensité de $\vec{F_c}$ est : $F_c = \sqrt{F_c x^2 + F_c y^2}$

Application numérique :

$$F_m = \frac{P \times OG\sin\theta}{OA\sin\alpha} = \frac{m \times g \times 0,28\sin\theta}{0,05\sin\alpha} = \frac{5 \times 9,81 \times 0,28 \times \sin\theta}{0,05\sin\alpha}$$

Le tableau suivant rapporte pour chacune des positions de la jambe (angle = θ) les valeurs de la force musculaire et de la force de contact osseuse.

	Angle q (°)	Angle α (°)	F_m (N)	F_c (N)
Position 1	40	20	516,23	470,43
Position 2	70	50	336,94	291,33
Position 3	100	80	274,68	229,20
Position 4	120	100	241,55	196,17

EXERCICE 1.5

Calcul des forces s'exerçant au niveau des anneaux.

Système étudié : le gymnaste

Bilan des forces externes : $\overrightarrow{F_A}$ et $\overrightarrow{F_B}$ forces de réaction s'exerçant au niveau des anneaux ; $\vec{P}$ poids du gymnaste s'appliquant en G ; $\overrightarrow{F_c}$ (Figure 1).

Conditions statiques

$$\sum \vec{F}_{ext} = \vec{0} = \overrightarrow{F_A} + \overrightarrow{F_B} + \vec{P}$$

$$\sum \vec{M}_B\left(\vec{F}_{ext}\right) = \vec{0} = \vec{M}_B\left(\vec{F}_A\right) + \vec{M}_B\left(\vec{F}_B\right) + \vec{M}_B\left(\vec{P}\right)$$

Suivant $\vec{i}$, $\vec{j}$, $\vec{k}$ nous avons

$$\vec{i} : F_A x - F_B x = 0$$

$$\vec{j} : F_A y + F_B y - P = 0$$

$$\vec{k} : M_B\left(\vec{P}\right) - M_B\left(\vec{F}_A\right) = 0$$

À partir de l'équation suivant $\vec{k}$ nous pouvons déterminer $\overrightarrow{F_A}$

$$\vec{k} : M_B\left(\vec{P}\right) - M_B\left(\vec{F}_m\right) = 0 \Rightarrow M_o\left(\vec{F}_A\right) = M_o\left(\vec{P}\right) \Rightarrow F_A \times BA \sin\alpha = P \times d$$

Avec d représentant la distance correspondant à la projection du point B perpendiculairement à la ligne d'action du poids du sujet. Cette distance est de $d = 0{,}93$ m

$$\Rightarrow F_A = \frac{P \times d}{BA \sin\alpha}$$

En considérant les équations suivant $\vec{i}$, $\vec{j}$ nous pouvons déterminer $\overrightarrow{F_B}$

$$\vec{i} : F_A x - F_B x = 0 \quad \Rightarrow \vec{i} : F_A x = F_B x = F_A \times \cos\alpha$$

$$\vec{j} : F_A y + F_B y - P = 0 \quad \Rightarrow \vec{j} : F_B y = P - F_A y \quad \Rightarrow \vec{j} : F_B y = P - F_A \times \sin\alpha$$

L'intensité de $\overrightarrow{F_B}$ est : $F_B = \sqrt{F_B x^2 + F_B y^2}$

Application numérique :

$$F_A = \frac{P \times d}{BA \sin\alpha} = \frac{m \times g \times 0{,}93}{2 \times 0{,}93 \sin 30°} = \frac{70 \times 9{,}81 \times 0{,}93}{2 \times 0{,}93 \sin 30°} = 686{,}7\,N$$

$F_Bx = F_A \times \cos(\alpha) = 686{,}6 \times \cos 30° = 594{,}69N$

$F_By = P - F_A \times \sin\alpha = 70 \times 9{,}81 - 686{,}6 \sin 30° = 343{,}35N$

$F_B = \sqrt{594{,}69^2 + 343{,}35^2} = 686{,}7N$

Calcul des forces $\overrightarrow{F_m}$ et $\overrightarrow{F_c}$

Système étudié : le bras et l'avant-bras

Bilan des forces externes : $\overrightarrow{F_m}$ force musculaire s'appliquant en D, $\overrightarrow{F_c}$ force de contact osseuse s'appliquant en O; $\overrightarrow{P_B}$ poids du système bras avant-bras s'appliquant en C; $\overrightarrow{F_A}$ force de réaction au niveau de l'anneau s'appliquant en A (Figure 1).

Conditions statiques

$\sum \vec{F}_{ext} = \vec{0} = \overrightarrow{F_m} + \overrightarrow{F_c} + \overrightarrow{F_A} + \overrightarrow{P_B}$

$\sum \vec{M}_O\left(\vec{F}_{ext}\right) = \vec{0} = \vec{M}_O\left(\overrightarrow{F_m}\right) + \vec{M}_O\left(\overrightarrow{F_c}\right) + \vec{M}_O\left(\overrightarrow{F_A}\right) + \vec{M}_O\left(\overrightarrow{P_B}\right)$

Suivant $\vec{i}$, $\vec{j}$, $\vec{k}$ nous avons

$\vec{i} : F_mx - F_cx + F_Ax = 0$

$\vec{j} : -F_my + F_cy + F_Ay - P_B = 0$

$\vec{k} : M_O\left(\overrightarrow{P_B}\right) - M_O\left(\overrightarrow{F_A}\right) + M_O\left(\overrightarrow{F_m}\right) = 0$

À partir de l'équation suivant $\vec{k}$ nous pouvons déterminer $\overrightarrow{F_m}$

$\vec{k} : M_0\left(\overrightarrow{P_B}\right) - M_B\left(\vec{F}_A\right) + M_B\left(\vec{F}_m\right) = 0 \Rightarrow M_o\left(\vec{F}_m\right) = M_o\left(\overrightarrow{F_A}\right) - M_o\left(\overrightarrow{P_B}\right)$

$\Rightarrow F_m \times OD \sin\theta = F_A \times OA \sin\alpha - P_B \times OC$

$$\Rightarrow F_m = \frac{F_A \times OA \times \sin\alpha - P_B \times OC}{OD \sin\theta}$$

En considérant les équations suivant $\vec{i}$, $\vec{j}$ nous pouvons déterminer $\overrightarrow{F_C}$

$\vec{i} : F_mx - F_cx + F_Ax = 0 \Rightarrow \vec{i} : F_cx = F_mx + F_Ax = F_m \times \cos\theta + F_A \times \cos\alpha$

$\vec{j} : -F_my + F_cy + F_A - P_B = 0 \qquad \Rightarrow \vec{j} : F_cy = F_my - F_Ay + P_B = F_m \times \sin\theta - F_A \sin\alpha + P_B$

L'intensité de $\overrightarrow{F_c}$ est : $F_c = \sqrt{F_cx^2 + F_cy^2}$

Application numérique :

$$F_m = \frac{F_A \times OC \times \sin\alpha - F_A \times OC}{OD \sin\theta} = \frac{686{,}7 \times 0{,}65 \times \sin 30° - 4 \times 9{,}81 \times 0{,}35}{0{,}09 \times \sin 50°} = 3066{,}33N$$

$F_cx = F_m \times \cos\theta + F_A \times \cos\alpha = 3066{,}33 \times \cos 50° + 686{,}7 \cos 30° = 2565{,}69N$

$F_cy = F_m \times \sin\theta - F_A \sin\alpha + P_B = 3066{,}33 \times \sin 50° - 686{,}7 \times \sin 30° + 4 \times 9{,}81 = 2044N$

$F_c = \sqrt{2565{,}69^2 + 2044^2} = 3114N$

Les forces $\overrightarrow{F_m}$ et $\overrightarrow{F_C}$ sont très largement supérieures au poids du gymnaste

CHAPITRE 2

EXERCICE 2.1

Cas 1

Situation de test pour les extenseurs du genou (Quadriceps)

Cas 2

Situation de test pour les fléchisseurs du genou (Ischio-jambier)

Le moment mesuré à une articulation est un moment net, il reflète l'action des muscles agonistes et des muscles antagonistes, on ne peut donc pas affirmer que le moment mesurer reflète l'action d'un groupe musculaire. La mesure de l'activité électromyographique des muscles peut fournir des informations concernant la coactivation.

Cas 1

Conditions statiques, le système étudié correspond à la jambe, les forces externes sont :

- La force du quadriceps $\vec{Q}$.
- Le poids de la jambe $\vec{P}$.
- La force mesurée en A $\vec{T}$.

Ces forces sont perpendiculaires à la jambe.

$$\sum \vec{M}_K(\vec{F}_{ext}) = \vec{0} = \vec{M}_K(\vec{Q}) + \vec{M}_K(\vec{P}) + \vec{M}_K(\vec{T})$$

$$\Rightarrow \vec{M}_K(\vec{Q}) = \vec{P} \wedge \overrightarrow{KG} + \vec{T} \wedge \overrightarrow{KA}$$

$$\Rightarrow M_K(\vec{Q}) = m \cdot g \cdot KG + T \cdot KA = 3{,}5 \cdot 9{,}81 \cdot 0{,}22 + 340 \cdot 0{,}51 = 181\,Nm$$

Cas 2

Conditions statiques, le système étudié correspond à la jambe, les forces externes sont :

- La force des ischio-jambiers $\vec{I}$.
- Le poids de la jambe $\vec{P}$.
- La force mesurée en A $\vec{T}$.

Ces forces sont perpendiculaires à la jambe.

$$\sum \vec{M}_K(\vec{F}_{ext}) = \vec{0} = \vec{M}_K(\vec{I}) + \vec{M}_K(\vec{P}) + \vec{M}_K(\vec{T})$$

$$\Rightarrow \vec{M}_K(\vec{I}) = \vec{P} \wedge \overrightarrow{KG} + \vec{T} \wedge \overrightarrow{KA}$$

$$\Rightarrow M_K(\vec{Q}) = -m \cdot g \cdot KG + T \cdot KA = -3{,}5 \cdot 9{,}81 \cdot 0{,}22 + 210 \cdot 0{,}51 = 99\,Nm$$

EXERCICE 2.2

Figure	EMG (*b*)	EMG (*t*)	W^+ biceps	W^- biceps	W^+ triceps	W^- triceps
A	X			X		
B	X		X			
C		X				X
D		X			X	

EXERCICE 2.3

Flex. en mode exc. : Q actif / Flex. en mode conc. : IJ actif

Ext. en mode conc. : Q actif / Ext. en mode exc. : IJ actif

EXERCICE 2.4

Le mouvement est un mouvement de flexion de la jambe, les muscles fléchisseurs travaillent en mode d'action concentrique, et les muscles extenseurs en mode excentrique.

$M = M_{ag} - M_{antag}$ et $M_f = 0{,}15\,M_e$

Les muscles extenseurs développent un moment qui est supérieur au moment des muscles fléchisseurs. Les muscles extenseurs sont les muscles agonistes.

$$M = M_e - M_f = M_e - 0{,}15M_e = M_e(1 - 0{,}15)$$

$$\Rightarrow M_e = \frac{M}{0{,}85} = \frac{150}{0{,}85} = 176{,}5\,Nm$$

$$\Rightarrow M_f = M_e - M = 176{,}5 - 150 = 26{,}5\,Nm$$

EXERCICE 2.5

1. Identifier la phase d'appui et la phase aérienne de la jambe (Figure 2)

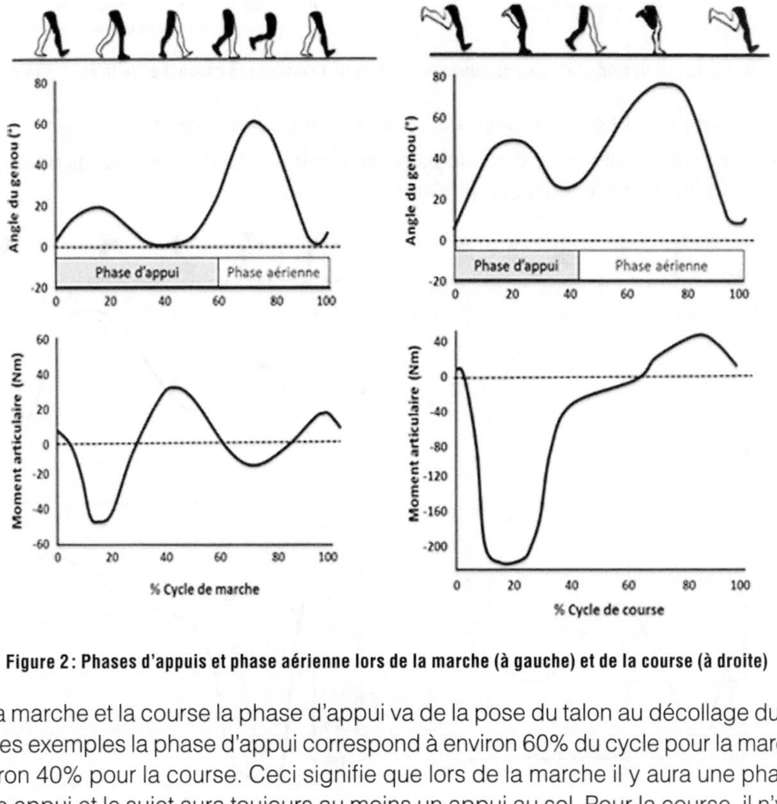

Figure 2 : Phases d'appuis et phase aérienne lors de la marche (à gauche) et de la course (à droite)

Pour la marche et la course la phase d'appui va de la pose du talon au décollage du pied. Dans les exemples la phase d'appui correspond à environ 60% du cycle pour la marche et à environ 40% pour la course. Ceci signifie que lors de la marche il y aura une phase de double appui et le sujet aura toujours au moins un appui au sol. Pour la course, il n'y aura aucune phase de double appui et le sujet aura une phase aérienne (aucun appui au sol).

2. Indiquer les phases de flexion et d'extension de la jambe

Pour déterminer ces phases, il faut considérer uniquement le déplacement angulaire de la jambe (Figure 3)

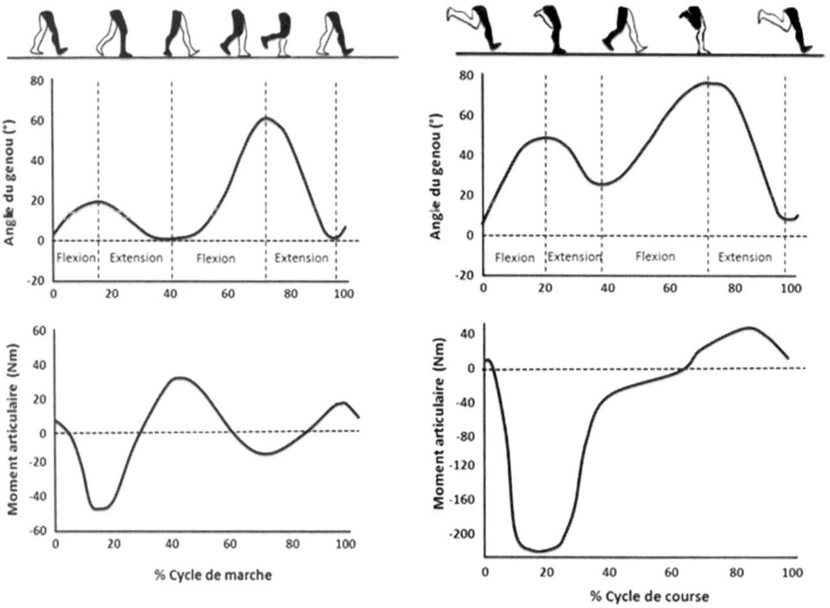

Figure 3 : Phases de flexion et d'extension de la jambe lors de la marche (à gauche) et de la course (à droite)

3. Déterminer le groupe musculaire actif (extenseur ou fléchisseur)

La détermination du groupe musculaire actif nécessite de considérer uniquement l'évolution du moment musculaire (Figure 4)

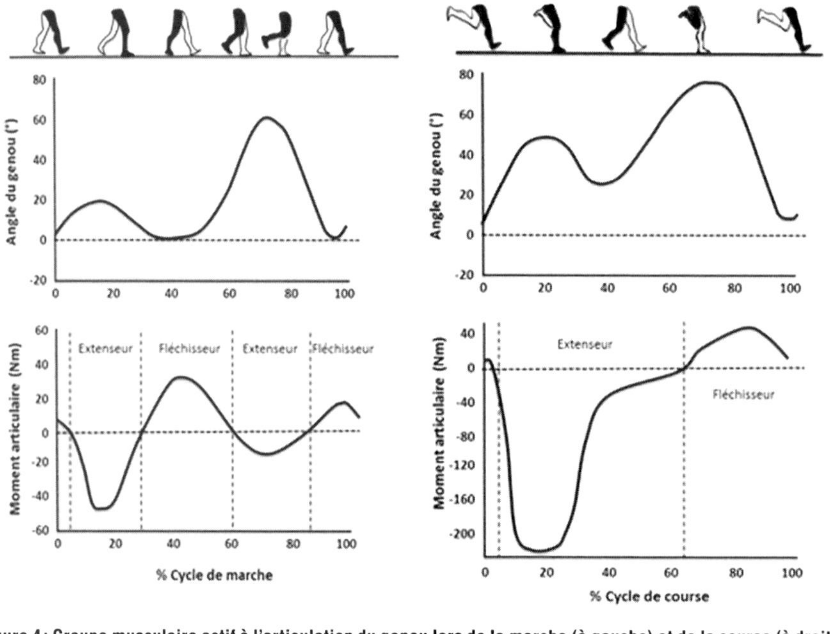

Figure 4 : Groupe musculaire actif à l'articulation du genou lors de la marche (à gauche) et de la course (à droite)

Nous pouvons noter que lors du cycle de marche la phase d'appui fait intervenir successivement le groupe musculaire extenseur et fléchisseur, alors qu'uniquement le groupe musculaire extenseur intervient lors de la phase d'appui en course.

4. Définir le mode d'action de ces groupes musculaires (concentrique ou excentrique)

Pour définir le mode d'action des groupes musculaires actifs il faut considérer simultanément le sens du mouvement (flexion, extension) et le groupe musculaire actif (fléchisseur, extenseur). Si sens du mouvement et groupe musculaire sont de même sens (les deux extenseurs ou fléchisseurs) le mode d'action est concentrique. Si, ils sont de sens opposés (extenseur pour le groupe musculaire et mouvement de flexion) le mode d'action est excentrique.

Pour la marche nous pouvons distinguer 8 phases (figure 5)

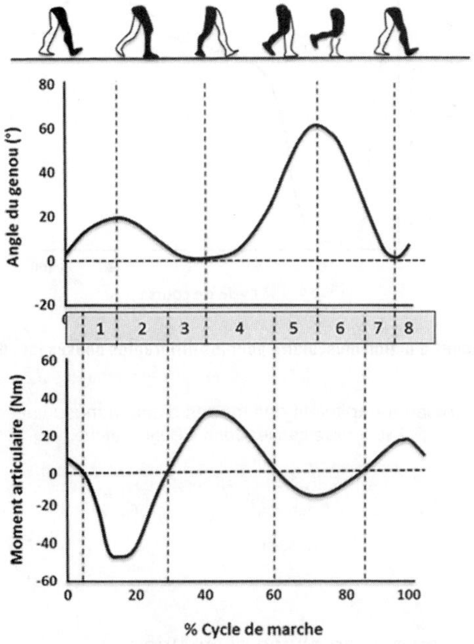

Figure 5: Modes d'action musculaire pour les différentes phases lors de la marche

Tableau récapitulatif des modes d'action musculaire.
Exc = Excentrique ; Conc = Concentrique.

	1	2	3	4	5	6	7	8
Mouvement	Flexion	Extension		Flexion		Extension		Flexion
Gr. Muscul.	Extenseur		Fléchisseur		Extenseur		Fléchisseur	
Mode action	Exc	Conc	Exc	Conc	Exc	Conc	Exc	Conc

Pour la course, 6 phases peuvent être identifiées (Figure 6)

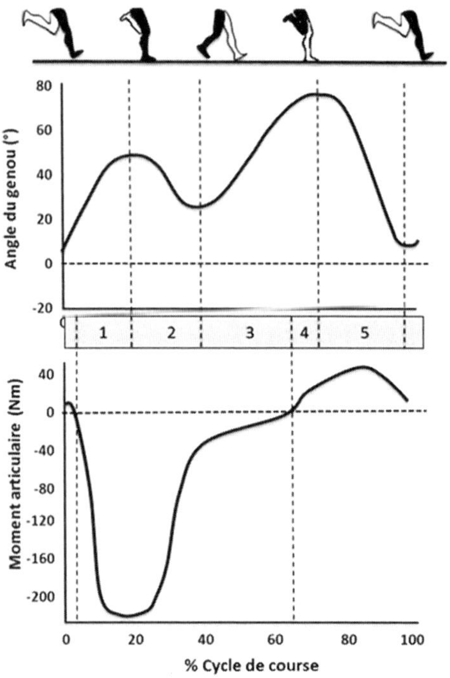

Figure 6 : Modes d'action musculaire pour les différentes phases lors de la course

Tableau récapitulatif des modes d'action musculaire.
Exc = Excentrique ; Conc = Concentrique.

	1	2	3	4	5
Mouvement	Flexion	Extension	Flexion		Extension
Gr. Muscul.		Extenseur		Fléchisseur	
Mode Action	Exc	Conc	Exc	Conc	Exc

5. Identifier la présence ou non de phase pliométrique.

Une phase pliométrique correspond pour un même groupe musculaire à une succession rapide d'action excentrique et concentrique. Pour la marche nous avons alternativement des phases pliométriques pour le groupe musculaire extenseur (phase 1,2 et 6,7) et le groupe musculaire fléchisseur (phase 3,4 et 7,8). Concernant la course on note uniquement une phase pliométrique pour le groupe musculaire extenseur (phase 1,2).

CHAPITRE 3

EXERCICE 3.1

1. Représenter le graphique de l'accélération instantanée en fonction du temps pour cette période d'échauffement.

L'accélération instantanée correspond à la dérivée de la vitesse en fonction du temps. Ici, l'évolution de la vitesse est représentée par des segments de droite dont les pentes correspondent à l'accélération. Par exemple entre 0 et 30 s, l'accélération instantanée est :

$$a_{(t)} = \frac{\Delta v}{\Delta t} = \frac{v_{(30)} - v_{(0)}}{t_{(30)} - t_{(0)}} = \frac{2}{30} = 0{,}066\,m.s^{-2}$$

En appliquant ce principe sur toutes les phases de l'échauffement on obtient le graphique suivant.

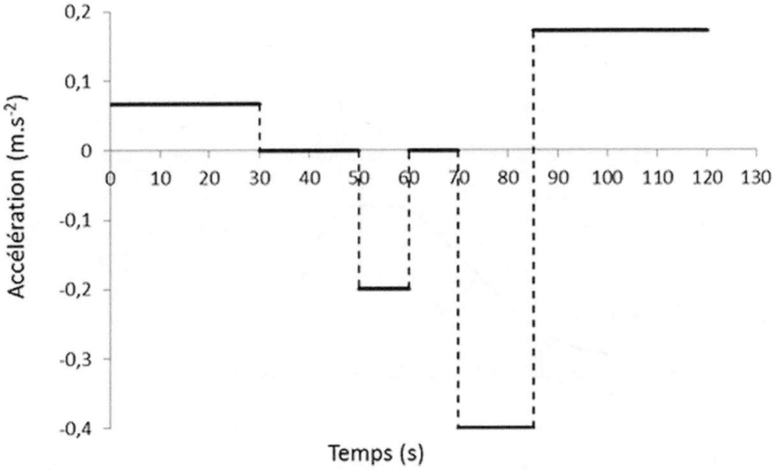

Figure 2. Évolution de l'accélération instantanée pour les différentes phases de l'échauffement

2. Représenter le graphique de la position instantanée en fonction du temps pour cette période d'échauffement.

L'évolution de la position instantanée s'obtient par intégration du signal de vitesse. Dans le cas présent il faut déterminer les primitives des portions de segment définissant l'évolution de la vitesse.

Entre 0 et 30 s :

Équation de la vitesse instantanée. $v_{(t)} = 0{,}066t$

Équation de la position instantanée : $x_{(t)} = \frac{0{,}066}{2}t^2$

Entre 30 et 50 s :

Équation de la vitesse instantanée. $v_{(t)} = 2$

Équation de la position instantanée : $x_{(t)} = 2t - 30$

Entre 50 et 60 s :

Équation de la vitesse instantanée. $v_{(t)} = -0,2t + 12$

Équation de la position instantanée : $x_{(t)} = \dfrac{-0,2}{2}t^2 + 12t - 280$

Entre 60 et 70 s :

Équation de la vitesse instantanée. $v_{(t)} = 0$

Équation de la position instantanée : $x_{(t)} = x_{(60)} = 80$

Entre 70 et 85 s :

Équation de la vitesse instantanée. $v_{(t)} = -0,4t + 28$

Équation de la position instantanée : $x_{(t)} = \dfrac{-0,4}{2}t^2 + 28t - 900$

Entre 85 et 120 s :

Équation de la vitesse instantanée. $v_{(t)} = 0,171t - 20,535$

Équation de la position instantanée : $x_{(t)} = \dfrac{0,171}{2}t^2 - 20,535t + 1162,735$

En considérant les équations de la position instantanée, on obtient le graphique suivant

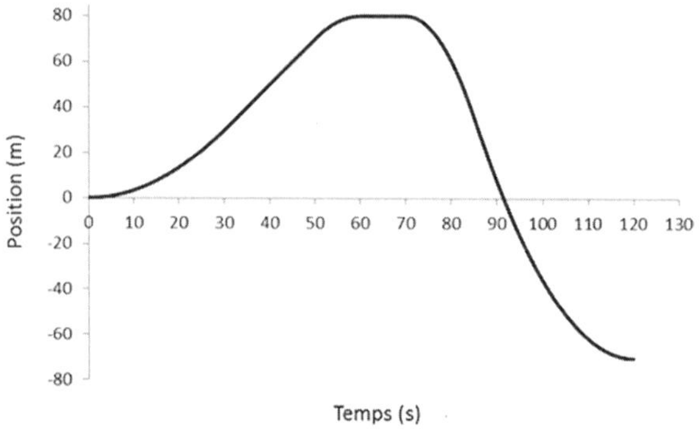

Figure 3. Évolution de la position instantanée en fonction du temps

Nous pouvons noter sur ce graphique que l'athlète réalise dans un premier temps un aller-retour (entre 0 et 90 s), puis il poursuit son déplacement dans le sens négatif (entre 90 et 120 s)

3. Identifier les phases accélérées et décélérées du déplacement.

Pour identifier les phases accélérées et décélérées du mouvement, il faut comparer le signe de la vitesse à celui de l'accélération. Si le signe de la vitesse et de l'accélération sont identiques, alors le mouvement est accéléré, si, par contre elles sont de signe opposés, le mouvement est décéléré.

Entre 0 et 30 s :

Vitesse et accélération sont positives ⇒ Mouvement accéléré.

Entre 30 et 50 s

Vitesse positive, accélération nulle ⇒ Mouvement à vitesse constante (ni accéléré, ni décéléré)

Entre 50 et 60 s :

Vitesse positive, accélération négative ⇒ Mouvement décéléré

Entre 60 et 70 s :

Vitesse et accélération sont nulles ⇒ Pas de mouvement (aucun déplacement)

Entre 70 et 85 s :

Vitesse et accélération sont négatives ⇒ Mouvement accéléré

Entre 85 et 120 s :

Vitesse négative, accélération positive ⇒ Mouvement décéléré.

4. Calculer la distance totale parcourue ainsi que la vitesse moyenne de cette période d'échauffement.

Pour calculer la distance totale parcourue, on peut se référer soit au graphique de l'évolution de la position en fonction du temps soit à celui de l'évolution de la vitesse.

En considérant le graphique de la position, on note que l'athlète parcourt 80 m en aller-retour (entre 0 et 90 s) puis 70 m dans le sens négatif. La distance totale parcourue est donc de 230 m (2 × 80 + 70).

En considérant le graphique de la vitesse, la distance totale parcourue correspond à la surface définie par la courbe (intégrale de la vitesse entre 0 et 120 s).

$$x_{(0;120)} = x_{(0;30)} + x_{(30;50)} + x_{(50;60)} + x_{(60;70)} + x_{(70;85)} + x_{(85;120)}$$

$$= \int_0^{30} v_{(t)}dt + \int_{30}^{50} v_{(t)}dt + \int_{50}^{60} v_{(t)}dt + \int_{60}^{70} v_{(t)}dt + \int_{70}^{85} v_{(t)}dt + \int_{85}^{120} v_{(t)}dt$$

Il faut calculer ici la valeur des intégrales pour chacune des phases de l'échauffement. Pour chaque phase cette valeur est définie en calculant la valeur de la primitive pour la borne finale moins la valeur de la primitive pour la borne initiale. Par exemple entre 50 et 60 s. La valeur de la primitive est définie par l'équation de la position en fonction du temps.

$$x_{(t)} = \frac{-0,2}{2}t^2 + 12t - 280$$

La distance parcourue entre 50 et 60 s sera de 10 m :

$$x_{(50;60)} = \frac{-0,2}{2} \times 60^2 + 12 \times 60 - 280 + \frac{0,2}{2} \times 50^2 - 12 \times 50 + 280 = 10\ m$$

En répétant ce calcul pour toutes les phases, et en additionnant la valeur absolue de toutes les distances calculées on obtient une distance totale de :

$$x_{(0;120)} = x_{(0;30)} + x_{(30;50)} + x_{(50;60)} + x_{(60;70)} + x_{(70;85)} + x_{(85;120)} = 30 + 40 + 10 + 0 + 45 + 105,26 = 230,26\ m$$

La vitesse moyenne de la phase d'échauffement correspond au rapport entre la distance totale parcourue sur le temps nécessaire pour parcourir cette distance.

$$\bar{V}_{(0;120)} = \frac{230}{120} = 1,91 m.s^{-1}$$

5. À la fin de la période d'échauffement à quelle distance par rapport à sa position initiale l'athlète se trouve-t-il ?

La position finale de l'athlète est :

$$x_{(120)} = \frac{0,171}{2} \times 120^2 - 20,535 \times 120 + 1162,735 = -70,26\ m$$

L'athlète se situe approximativement à 70 m en arrière de sa position de départ.

EXERCICE 3.2

1. Exprimez cette vitesse en °/s et en rad/s.

Une vitesse de 90 tours par minute correspond à une vitesse de 1,5 tour par seconde (90/60 = 1,5). Un tour correspond à 360° et à 2prad. La vitesse angulaire est donc de 540°/s (1,5 × 360°) et de 3prad/s.

2. Calculez la vitesse de déplacement en $m.s^{-1}$ puis en $km.h^{-1}$.

Le cycliste pédale avec un rapport de 56 : 14, ce qui signifie que pour un tour de pédale (un tour de plateau), la roue (le pignon) effectuera 4 tours (56/14 = 4). La vitesse angulaire de la roue est donc 4 fois plus grande que la vitesse du pédalier. À partir de la relation entre vitesse angulaire et vitesse linéaire ($v_{(t)} = R \times \dot{\theta}_{(t)}$) et connaissant le rayon de la roue (350 mm) nous pouvons déterminer la vitesse linéaire du déplacement du cycliste.

$$v_{(t)} = 0,35 \times 4 \times 3\pi = 13,19 m.s^{-1}$$

Cette vitesse exprimée en $km.h^{-1}$ est de : $v_{(t)} = 13,19 \times 3,6 = 47,5 km.h^{-1}$

Remarque : dès lors que les calculs font intervenir des angles, des vitesses ou des accélérations angulaires, l'unité à utiliser est le radian notamment dans le cas de transformation d'une dimension angulaire à une dimension linéaire.

EXERCICE 3.3

1. Qui touchera l'eau en premier ?

Conditions dynamiques d'une chute libre.

$$\vec{F}ext = m\vec{a} = m\vec{g} \rightarrow \vec{a} = \vec{g}$$

À partir de l'accélération nous pouvons par intégrations successives déterminer les équations des vitesses horizontales et verticales instantanées ainsi que de la position instantanée des sujets. L'origine des axes se situe au niveau du sautoir, l'axe vertical (Oz) est orienté positivement vers le bas et l'axe horizontal (Ox) positivement vers la droite (Figure 1).

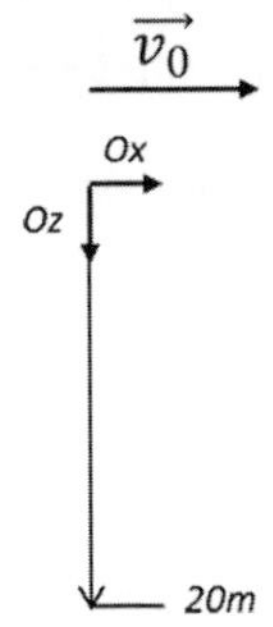

Figure 1. Représentation schématique des conditions initiales pour les deux sujets

$$\overrightarrow{a_{(t)}} \rightarrow \begin{cases} a_x = 0 \\ a_z = g \end{cases}$$

$$\overrightarrow{v_{(t)}} \rightarrow \begin{cases} v_{x(t)} = v_{0x} \\ v_{z(t)} = gt + v_{0z} \end{cases}$$

$$\overrightarrow{h_{(t)}} \rightarrow \begin{cases} x_{(t)} = v_{0x}t + x_0 \\ z_{(t)} = \frac{1}{2}gt^2 + v_{0z}t + z_0 \end{cases}$$

En considérant les conditions initiales, quand $t = 0$, nous avons :

$x_0 = 0$; $z_0 = 0$; $v_{0z} = 0$; $v_{0x} = v_0$, avec $v_{0x} = 4 m.s^{-1}$ pour le sujet A et $v_{0x} = 6 m.s^{-1}$ pour le sujet B.

Les équations de la vitesse et de la position instantanées sont donc.

$$\overrightarrow{v_{(t)}} \rightarrow \begin{cases} v_{x(t)} = v_{0x} \\ v_{z(t)} = gt \end{cases} \quad \overrightarrow{h_{(t)}} \rightarrow \begin{cases} x_{(t)} = v_{0x}t \\ z_{(t)} = \frac{1}{2}gt^2 \end{cases}$$

Les deux sujets mettront le même temps pour arriver dans l'eau. En effet ce temps est déterminé à partir de l'équation verticale de la position instantanée ($z_{(t)}$), et il est défini comme le temps nécessaire pour parcourir verticalement 20 m. L'équation verticale de la position instantanée est identique pour les deux sujets.

2. Déterminer le temps de la chute libre (temps nécessaire pour atteindre l'eau)

Ce temps (t_1) est défini par :

$$z_{(t_1)} = 20 = \frac{1}{2}gt_1^2 \rightarrow t_1 = \sqrt{\frac{2 \times 20}{g}} = 2{,}02\ s$$

3. À quelles distances horizontales de leurs points d'appel entreront-ils dans l'eau ?

Cette distance est définie par :

$$x_{(t_1)} = v_{0x}t_1 = v_{0x} \times 2{,}02$$

Pour le sujet A cette distance est de $x_{(t_1)} = 4 \times 2{,}02 = 8{,}08\ m$

Pour le sujet A cette distance est de $x_{(t_1)} = 6 \times 2{,}02 = 12{,}12\ m$

4. Quelles seront leurs vitesses au moment de leur entrée dans l'eau ?

Cette vitesse est déterminée par :

$$\overrightarrow{v_{(t_1)}} \rightarrow \begin{cases} v_{x(t_1)} = v_{0x} \\ v_{z(t_1)} = gt_1 \end{cases}$$

Pour le sujet A

$$\overrightarrow{v_{(t_1)}} \rightarrow \begin{cases} v_{x(t_1)} = 4m.s^{-1} \\ v_{z(t_1)} = 9{,}81 \times 2{,}02 = 19{,}81m.s^{-1} \end{cases}$$

$$\overrightarrow{v_{(t_1)}} = \overrightarrow{v_{x(t_1)}} + \overrightarrow{v_{z(t_1)}} \rightarrow v_{(t_1)} = \sqrt{v_{xt_1)}^{\ 2} + v_{zt_1)}^{\ 2}} = \sqrt{4^2 + 19{,}81^2} = 20{,}21m.s^{-1}$$

Pour le sujet B

$$\overrightarrow{v_{(t_1)}} \rightarrow \begin{cases} v_{x(t_1)} = 6m.s^{-1} \\ v_{z(t_1)} = 9{,}81 \times 2{,}02 = 19{,}81m.s^{-1} \end{cases}$$

$$\overrightarrow{v_{(t_1)}} = \overrightarrow{v_{x(t_1)}} + \overrightarrow{v_{z(t_1)}} \rightarrow v_{(t_1)} = \sqrt{v_{xt_1)}^{\ 2} + v_{zt_1)}^{\ 2}} = \sqrt{6^2 + 19{,}81^2} = 20{,}70m.s^{-1}$$

Les sujets arriveront en même temps dans l'eau mais le sujet B arrivera avec une vitesse légèrement supérieure à celle du sujet A

EXERCICE 3.4

1. Vitesse initiale et angle d'envol du ballon.

Phase aérienne du ballon.

$$\sum \vec{F}ext = m\vec{a} = m\vec{g} \rightarrow \vec{a} = \vec{g}$$

Les équations du mouvement sont définies suivant un axe vertical (O_z) orienté positivement vers le haut et un axe horizontal (O_x) orienté positivement vers la droite. La position initiale du ballon à l'instant de son envol correspond à l'origine des axes. Ceci signifie que les positions initiales verticale et horizontale du ballon sont nulles ($x_0 = 0$; $z_0 = 0$)

$$\overrightarrow{a_{(t)}} \rightarrow \begin{cases} a_x = 0 \\ a_z = -g \end{cases}$$

$$\overrightarrow{v_{(t)}} \rightarrow \begin{cases} v_{x(t)} = v_{0x} \\ v_{z(t)} = -gt + v_{0z} \end{cases}$$

$$\overrightarrow{h_{(t)}} \rightarrow \begin{cases} x_{(t)} = v_{0x}t \\ z_{(t)} = -\dfrac{1}{2}gt^2 + v_{0z}t \end{cases}$$

On détermine le temps t_1 correspondant au temps nécessaire pour que le ballon arrive au sommet de sa trajectoire. À cet instant la vitesse verticale du ballon est nulle.

Quand $t = t_1 \rightarrow v_{z(t_1)} = -gt_1 + v_{0z} = 0 \rightarrow t_1 = \dfrac{v_{0z}}{g}$

À cet instant la position du ballon est :

$$\overrightarrow{h_{(t_1)}} \rightarrow \begin{cases} x_{(t_1)} = v_{0x}t_1 = 30\ m \\ z_{(t_1)} = -\dfrac{1}{2}gt_1^2 + v_{0z}t_1 = 4\ m \end{cases}$$

En considérant $z_{(t_1)}$, on peut déterminer v_{0z}.

$$z_{(t_1)} = -\frac{1}{2}gt_1^2 + v_{0z}t_1 = -\frac{1}{2}g\frac{v_{0z}^2}{g^2} + v_{0z}\frac{v_{0z}}{g} = \frac{v_{0z}^2}{2g} = 4\ m$$

$$\rightarrow v_{0z} = \sqrt{4 \times 2 \times g} = 8{,}85 m.s^{-1}$$

En considérant $x_{(t_1)}$, on peut déterminer v_{0x}.

$$x_{(t_1)} = v_{0x}t_1 = v_{0x}\frac{v_{0z}}{g} = 30m \rightarrow v_{0x} = \frac{30 \times g}{v_{0z}} = 33{,}25 m.s^{-1}$$

La vitesse initiale du ballon $\overrightarrow{v_0}$ est :

$$\overrightarrow{v_0} = \overrightarrow{v_{0x}} + \overrightarrow{v_{0z}} \rightarrow v_0 = \sqrt{v_{0x}^2 + v_{0z}^2} = 34{,}40 m.s^{-1}$$

L'angle d'envol du ballon (α) qui définit l'orientation de $\overrightarrow{v_0}$ par rapport à l'axe horizontal peut être déterminé à partir des vitesses initiales horizontale et verticale :

$$\tan\alpha = \frac{\sin\alpha}{\cos\alpha} = \frac{v_0 \sin\alpha}{v_0 \cos\alpha} = \frac{v_{0z}}{v_{0x}} = \frac{8{,}85}{33{,}25} = 0{,}266 \rightarrow \alpha = 14{,}9°$$

2. Un défenseur situé à 6 m du joueur peut-il contrer ce drop ?

On détermine le temps t_2 nécessaire au ballon pour parcourir horizontalement 6 m

$$x_{(t_2)} = v_{0x}t_2 = 6m \rightarrow t_2 = \frac{6}{v_{0x}} = \frac{6}{33{,}25} = 0{,}18 s$$

La hauteur atteinte par le ballon à l'instant t_2 est :

$$z_{(t_2)} = -\frac{1}{2}gt_2^2 + v_{0z}t_2 = -\frac{1}{2}g \times 0{,}18^2 + 8{,}85 \times 0{,}18 = 1{,}43\ m$$

Il apparaît probable que le défenseur puisse contrer ce drop.

EXERCICE 3.5

Phase aérienne du poids :

$$\sum \vec{F}ext = m\vec{a} = m\vec{g} \rightarrow \vec{a} = \vec{g}$$

Les équations du mouvement sont définies suivant un axe vertical (O_z) orienté positivement vers le haut et un axe horizontal (O_x) orienté positivement vers la droite.

La position initiale du poids à l'instant de son envol est définie par $x_0 = 0,20m$; $z_0 = 1,5m$ et sa vitesse initiale par $\vec{v_0} = \overrightarrow{v_{0x}} + \overrightarrow{v_{0z}}$ avec $v_{0x} = v_0 \cos\alpha$ et $v_{0z} = v_0 \sin\alpha$

$$\overrightarrow{a_{(t)}} \rightarrow \begin{cases} a_x - 0 \\ a_z = -g \end{cases}$$

$$\overrightarrow{v_{(t)}} \rightarrow \begin{cases} v_{x(t)} = v_{0x} \\ v_{z(t)} = -gt + v_{0z} \end{cases}$$

$$\overrightarrow{h_{(t)}} \rightarrow \begin{cases} x_{(t)} = v_{0x}t + x_0 \\ z_{(t)} = -\frac{1}{2}gt^2 + v_{0z}t + z_0 \end{cases}$$

La performance est définie lorsque le poids arrive au sol, le temps t_1 correspond à la phase aérienne du poids.

$$z_{(t_1)} = -\frac{1}{2}gt_1^2 + v_{0z}t_1 + z_0 = 0 = -\frac{1}{2}gt_1^2 + 5 \times \sin 20 \times t_1 + 1,5$$

Équation du second degré qui peut admettre deux solutions.

Détermination du discriminant.

$$\Delta = v_{0z}^2 + 2 \times g \times z_0 = (5 \times \sin 20)^2 + 2 \times 9,81 \times 1,5 = 32,35$$

Détermination des solutions

$$S_1 = \frac{-v_{0z} - \sqrt{\Delta}}{-g} = \frac{-5 \times \sin 20 - \sqrt{32,35}}{-9,81} = 0,37s$$

$$S_2 = \frac{-v_{0z} + \sqrt{\Delta}}{-g} = \frac{-5 \times \sin 20 + \sqrt{32,35}}{-9,81} = -0,20\ s$$

Le temps t_1 est de 0,37 s. La performance est donc définie par :

$$x_{(t_1)} = v_{0x}t_1 + x_0 = 5 \times \cos 20 \times 0,37 + 0,2 = 1,93\ m$$

La performance est de 1,93 m

CHAPITRE 4

EXERCICE 4.1

Conservation de la quantité de mouvement :

1. $m_1.V_1 + m_2.(-V_2) = (m_1 + m_2).V$

$V = [m_1.V_1 + m_2.(-V_2)]/ (m_1 + m_2)$

$V = [100.5 + 90.(-3)] / (100 + 90) = 1{,}21\ m.s^{-1} = 4{,}35\ \text{km.h}^{-1}$

2. $V_2 = 0$; $V = [100.5 + 90.(0)] / (100 + 90) = 2{,}63\ m.s^{-1} = 9.47\ \text{km.h}^{-1}$

EXERCICE 4.2

$m_1.V_1 + m_2.(V_2) = (m_1 + m_2).V,\ V_1 = 0 ;\ V_2 = 20\ m.s^{-1}$

$V = \text{m}_2.(V_2)/ (m_1 + m_2)$

$V = 0{,}4.20/(80 + 0{,}4) = 0{,}\ 01\ m.s^{-1} = 0.36\ \text{km.h}^{-1}$

EXERCICE 4.3

Lorsque le gymnaste est en « l'air », le moment cinétique se conserve car aucun moment externe intervient :

$L_{/G} = I.\omega = \text{Cste}$

$I_1.\omega_1 = I_2.\omega_2 \Rightarrow \omega_2 = I_1.\omega_1/I_2 = 30.7/20 = 10{,}5\ rad.s^{-1}$ (conservation du moment cinétique)

$$\theta = \text{angle}\ \ \omega_2 = \frac{\theta}{T} \Rightarrow T = \frac{\theta}{\omega_2} = \frac{2.2\pi}{10{,}5} = 1.20\ \text{s}$$

EXERCICE 4.4

1. Le moment cinétique se conserve : $L_{/G} = I.\omega = \text{Cste}$

$I_1.\omega_1 = I_2.\omega_2 \Rightarrow \omega_2 = I_1.\omega_1/I_2 = 25.7/21 = 8{,}33\ rad.s^{-1}$

$$\theta = \text{angle}\ \ \omega_2 = \frac{\theta}{T} \Rightarrow T = \frac{\theta}{\omega_2} = \frac{2\pi}{8{,}33} = 0{,}75\ \text{s}$$

$$n_{tours} = \frac{2}{0{,}75} = 2{,}66\ \text{tours}$$

2. vitesse nécessaire pour faire 3 tours en 2 secondes :

$$\omega_2 = \frac{\theta}{T} = \frac{3.2\pi}{2} = 9{,}42\ rad.s^{-1}$$

$I_1.\omega_1 = I_2.\omega_2 \Rightarrow I_2 = I_1.\omega_1/w_2 = 25.7/9{,}42 = 18{,}58\ \text{kg.m}^2$ (conservation du moment cinétique)

EXERCICE 4.5

$$X_{CP} = \frac{\sum R_{zi}.x_i}{\sum R_{zi}} = \frac{100.0+100.a+300.a+200.0}{100+100+300+200} = \frac{400.a}{800} = \frac{1}{2}a$$

$$Y_{CP} = \frac{\sum R_{zi}.y_i}{\sum R_{zi}} = \frac{100.0+100.0+300.b+200.b}{100+100+300+200} = \frac{500.b}{800} = \frac{5}{8}b$$

EXERCICE 4.6

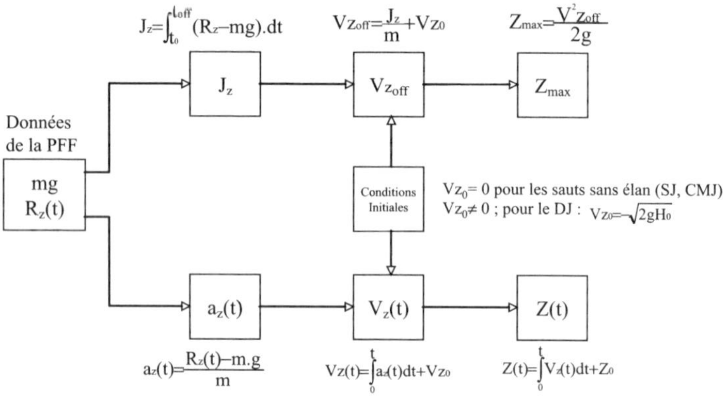

EXERCICE 4.7

1. Voir chap. 4.2

2. On a en projection sur l'axe (O_z) : $R_z(t) - m.g = m.a_z(t)$

Donc : $a_z(t) = \dfrac{R_z(t) - m.g}{m}$

$R_z = 200\ N \Rightarrow a_z = -6{,}95\ m.s^{-2}$: la valeur est négative, le sujet accélère vers le bas.

$R_z = 1\ 300\ N \Rightarrow a_z = 8{,}76\ m.s^{-2}$: la valeur est positive, le sujet accélère vers le haut.

3. Pour le CMJ : $Vz_0 = 0$ donc $J_z = m.Vz_{off}$

$$Vz_{off} = \frac{J_z}{m} = \frac{190}{70} = 2{,}71\ m.s^{-1}$$

$$Z_{max} = \frac{V^2 z_{off}}{2g} = \frac{(2.71)^2}{2.9{,}81} = 0{,}37\ m = 37\ \text{cm}$$

$$Z_{max} = \frac{g.T_s^2}{8} \text{ donc : } T_s = \sqrt{\frac{8.Z_{max}}{g}} = \sqrt{\frac{8.0{,}37}{9{,}81}} = 0{,}549\ \text{s} = 549\ \text{ms}$$

EXERCICE 4.8

1.

Caractéristiques	Instants
$a_z = 0$	t_0, t_2, t_5
$V_z = 0$	t_0, t_3
$a_z > 0$ avec a_z maxi	t_4
$a_z < 0$ avec $\subseteq a_z \subseteq$ maxi	t_1
$V_z > 0$ avec V_z maxi	t_5
$V_z < 0$ avec $\subseteq V_z \subseteq$ maxi	t_2

2. À l'instant t_0, le sujet est immobile $R_z = mg = 700\ N$ donc la masse du sujet est égale à 70 kg. L'accélération maximale pendant la phase de flexion à l'instant t_1 est égale à :

$a_z(t_1) = \dfrac{R_z(t_1) - m.g}{m} = \dfrac{500 - 70.9{,}81}{70} = -2{,}7\ m.s^{-2}$. La valeur est négative car le sujet accélère vers le bas.

L'accélération maximale pendant la phase d'extension à l'instant t_4 est égale à :

$a_z(t_4) = \dfrac{R_z(t_4) - m.g}{m} = \dfrac{1700 - 70.9{,}81}{70} = 14{,}5\ m.s^{-2}$. La valeur est positive car le sujet accélère vers le haut.

3. $Vz_{off} = \dfrac{J_z}{m} = \dfrac{210}{70} = 3\ m.s^{-1}$;

$$Z_{max} = \frac{V^2 z_{off}}{2.g} = \frac{3^2}{2.9{,}81} = 0{,}46 \text{ m} = 46 \text{ cm}$$

EXERCICE 4.9

Les forces qui s'appliquent sur (*S*) sont : le poids $\vec{P}$ de (*S*), la réaction du sol $\vec{R}$ et la force de liaison $\vec{L}$ qui agit de (S_1) sur (*S*). Le principe fondamental de la dynamique appliqué au système (*S*) s'écrit :

$\vec{P} + \vec{R} + \vec{L} = m.\vec{a}_G = \vec{0}$ car (*S*) ne bouge pas pendant le mouvement

sur (O_z) : $-(m - m_1).g + R_z + L_z = 0$

soit : $R_z = (m - m_1).g - L_z$ (1)

Il reste à déterminer L_z.

Les forces qui s'appliquent sur (S_1) sont : le poids $\vec{P}_1$, la force de liaison qui agit de (*S*) sur (S_1) qui est égale, par le principe de l'action et de la réaction, à $-\vec{L}$. Le principe fondamental de la dynamique appliqué au système (S_1) s'écrit :

$\vec{P}_1 - \vec{L} = m_1.\vec{a}_{G1}$

sur (O_z) : $-m_1.g - L_z = m_1.a_{G1}$

soit $L_z = -m_1.a_{G1} - m_1.g$

en remplaçant L_z dans l'équation (1) :

$R_z = (m - m_1).g - (-m_1.a_{G1} - m_1.g)$

finalement :

$$\boxed{R_z = m.g + m_1.a_{G1}}$$

Au départ, $a_{G1} = 0$ donc $R_z = m.g$.

1re phase : Accélération des bras vers le haut donc $a_{G1} > 0$ et $R_z > m.g$

2e phase : Freinage des bras donc $a_{G1} < 0$ donc $R_z < m.g$

Remarque : Pour que le sujet décolle, il faudrait que $R_z = 0$

soit $m.g + m_1.a_{G1} = 0$

i.e. $a_{G1} = \dfrac{-m.g}{m_1}$

Allure de la réaction du sol lors d'un mouvement d'élévation des membres supérieurs :

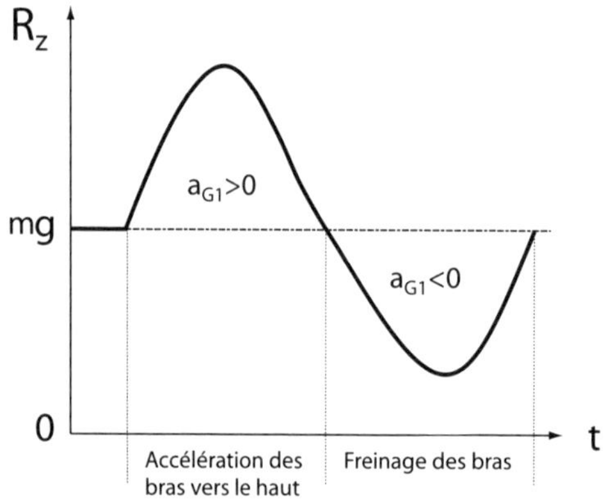

EXERCICE 4.10

1. Voir chap. 4.2

2. $R_z(t) - m.g = m.a_z(t)$ donc : $a_z(t) = \dfrac{R_z(t) - m.g}{m}$

l'accélération est maximale après 500 ms, R_z vaut alors 1 500 N :

$$a_z = \frac{1500 - 70.10}{70} = 11{,}4\ m.s^{-2}$$

3. $Vz_0 = -\sqrt{2gH_0} = -\sqrt{2.10.0{,}45} = -3\ m.s^{-1}$

4. $Vz_{off} = \frac{J_z}{m} + Vz_0 = \frac{490}{70} - 3 = 4\ m.s^{-1}$

5. $Z_{max} = \frac{V^2 z_{off}}{2.g} = \frac{4^2}{2.10} = 0{,}8$ m = 80 cm

6. $Z_{max} = \frac{gT^2_s}{8}$ donc : $T_s = \sqrt{\frac{8.Z_{max}}{g}} = \sqrt{\frac{8.0{,}80}{10}} = 0{,}8$ s = 800 ms

EXERCICE 4.11

1. Impulsion verticale suivant un axe (O_z) : $J_z = \int_{t_0}^{t_{off}} (Rz - mg)\, dt$, J_z correspond à l'aire sous la courbe $(Rz - mg)$

2. $a_z = \frac{Rz - m.g}{m} = \frac{300 - 60.10}{60} = -5\ m.s^{-2}$; a_z est négative car le sujet accélère vers le bas.

3. $Rz - m.g = m.a_z$ donc $Rz = m.a_z + m.g = m(a_z + g) = 60.(10 + 10) = 1\ 200\ N$

4. Allure de la réaction du sol lors du mouvement

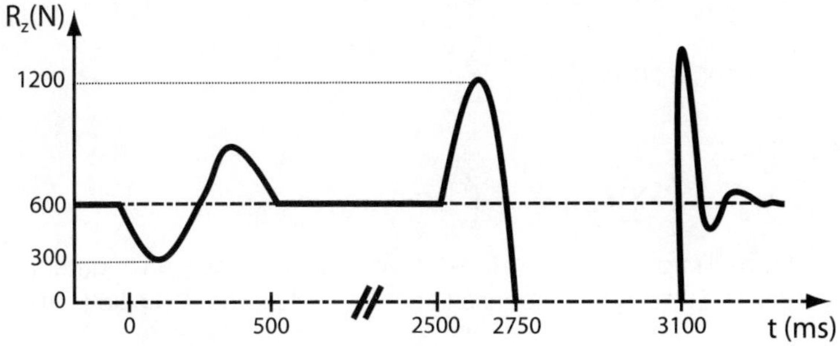

5. $Z_{max} = \frac{gT^2_s}{8} = \frac{10.0{,}6^2}{8} = 0{,}45$ m = 45 cm

6. $Z_{max} = \frac{V^2 z_{off}}{2.g}$ donc $Vz_{off} = \sqrt{2g.Z_{max}} = \sqrt{2.10.0{,}45} = 3\ m.s^{-1}$

$J_z = m.Vz_{off} = 60.3 = 180\ N.s$

7. Sans phase isométrique, ce saut s'apparente à un CMJ (voir figure 4.8).

EXERCICE 4.12

1. Impulsion J_z, réaction du sol R_z et durée de l'appui d au cours des 3 appuis du triple saut.

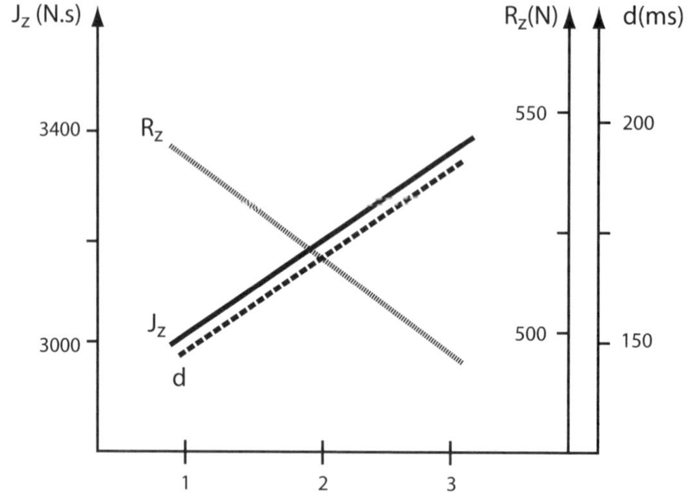

2. $\Delta Rz_{moy} = \dfrac{3000-3330}{3000} \times 100 = -10\ \%$;

$\Delta d = \dfrac{180-150}{150} \times 100 = 20\ \%$

Impulsion verticale :

$J_z = m.(Vz_{off} - Vz_0) = \int_{t_0}^{t_{off}} \sum Fz_{ext}\, dt = \int_{t_0}^{t_{off}} (Rz - mg)\, dt$

L'augmentation de l'impulsion (+ 8 %) est essentiellement due à l'augmentation de la durée de l'appui (+ 20 %) qui compense la baisse de la force verticale (– 10 %).

3. $Vz_{off} = \dfrac{J_z}{m} + Vz_0$; $Vx_{off} = \dfrac{J_x}{m} + Vx_0$

Angle de décollage α : $tg\alpha = \dfrac{Vz_{off}}{Vx_{off}}$ donc $\alpha = \text{Arctg}\ \dfrac{Vz_{off}}{Vx_{off}}$

4. a. Le vecteur vitesse du CdG du sujet à l'instant de contact au sol est dirigé vers l'avant ($Vx_0 > 0$) et vers le bas ($Vz_0 < 0$).

b. $V_1z_{off} = \dfrac{J_{z1}}{m} + Vz_{01} = \dfrac{500}{70} - 1{,}1 = 6{,}04\ m.s^{-1}$

EXERCICE 4.13

PFD appliquée à l'ailier : $\vec{F} + \vec{P} = m.\vec{a}$.

En projection sur l'axe horizontal (O_x) : $F = m.a_x$ soit $a_x = \dfrac{F}{m}$, donc :

$V(t) = \dfrac{F}{m}.t - V_0$

$x(t) = \frac{1}{2}\frac{F}{m}.t^2 - V_0.t$ (1)

L'ailier s'arrête quand V(t) = 0 *i.e.* $\frac{F}{m}.t - V_0 = 0$, soit au bout de $t = \frac{Vo.m}{F}$

En remplaçant dans (1) : $x = \frac{1}{2}\frac{F}{m}.\left(\frac{Vo.m}{F}\right)^2 - Vo.\frac{Vo.m}{F} = -\frac{1}{2}.\frac{Vo^2.m}{F} \rightarrow Vo^2.m$

$$F = -\frac{Vo^2.m}{2.x} = -\frac{6^2.90}{2.2} = -810\ N$$

EXERCICE 4.14

Calcul de la hauteur du saut et de la vitesse de décollage :

$$H = \frac{gT^2_s}{8} \text{ et } V_{zoff} = \sqrt{2gH}$$

$$H = \frac{10.(0,6)^2}{8} = 0,45 \text{ m} = 45 \text{ cm},\ V_{zoff} = \sqrt{2.10.0,45} = 3\ m.s^{-1}$$

Pendant l'impulsion : $\vec{R} + \vec{P} = m.\vec{a}_G$.

$$R_z - m.g = m.a$$

$$a = \frac{R_z - m.g}{m}$$

$$V = \frac{R_z - m.g}{m}.t \text{ donc } t = \frac{V.m}{R_z - m.g} \ (1)$$

$$Z = \frac{1}{2}.\frac{R_z - m.g}{m}.t^2 \text{ avec (1) :}$$

$$Z = \frac{1}{2}.\frac{R_z - m.g}{m}.\left(\frac{V.m}{R_z - m.g}\right)^2 = \frac{1}{2}.\frac{V^2.m}{R_z - m.g}$$

On en déduit :

$$R_z = \frac{1}{2}.\frac{V^2.m}{z} + m.g$$

$$R_z = \frac{1}{2}.\frac{3^2.70}{0,3} + 70.10 = 1\,750\ N$$

EXERCICE 4.15

1. $J_x = m.Vx_{off} = 70 \times 3,5 = 245\ N.s$; $J_z = m.Vz_{off} = 70 \times 1,8 = 126\ N.s$

2. Angle de décollage : $\alpha = \text{Arctg}\left(\frac{Vz_{off}}{Vx_{off}}\right) = \text{Arctg}\left(\frac{1,8}{3,5}\right) = \text{Arctg}(0,514) = 27°$

3. Longueur du saut (cf. Chapitre 4.5 Étude du saut en longueur)

$$XG_{maxi} = \frac{2.Vx_{off}.Vz_{off}}{g} + X_{G0} = \frac{2 \times 3,5 \times 1,8}{10} + 0,7 = 1,96\ m$$

CHAPITRE 5

EXERCICE 5.1

1. Travail fourni à la balle : $W = F.\Delta l$

F est égale à 35 N, il faut chercher Δl :

PFD appliquée à la balle : $\vec{F} + \vec{P} = m.\vec{a}$.

En projection sur l'axe horizontal (O_x) :

$F = m.a$ soit $a = \dfrac{F}{m}$

Donc : $V(t) = \dfrac{F}{m}.t$, et $x(t) = \dfrac{1}{2}\dfrac{F}{m}.t^2$

Si t = 100 ms alors $\Delta l = \dfrac{1}{2}\dfrac{35}{0{,}14}.(0{,}1)^2 = 1{,}25\ m$

Le travail est égal à : W = 35.1,25 = 43,75 J

2. $a(t) = \dfrac{F(t)}{m}$, l'accélération de la balle $a(t)$ a la même allure que $F(t)$

La vitesse $V(t)$ est la primitive de $a(t)$: $V(t) = \int_0^t a(t).dt$

La courbe puissance $P(t)$ s'obtient en multipliant $F(t)$ par V(t) : $P(t) = F(t).V(t)$

Le travail $W(t)$ correspond à l'intégrale de $P(t)$:

$$W(t) = \int_0^t P(t).dt$$

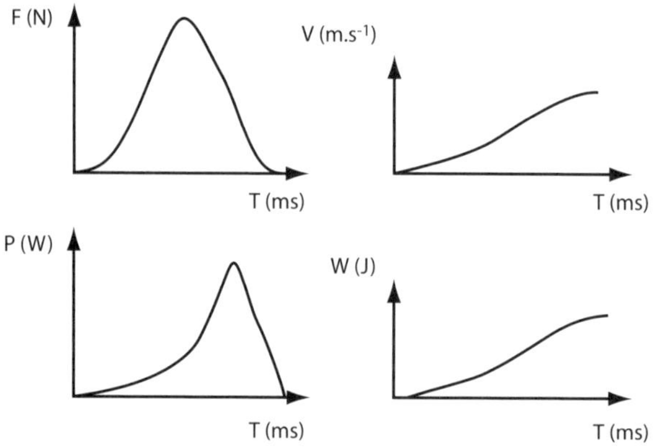

EXERCICE 5.2

1. $P = M.(g + a).v$ = 100.(10 + 3).2 = 2 600 W

2. Le calcul précédent ne prend pas en compte le déplacement du haut corps du sujet pendant le mouvement de squat. Soit m la masse du haut du corps déplacée (m = 2/3 M = 50 kg), la formule peut être corrigée en : $P = (M + m).(g + a).v$ = (100 + 50).(10 + 3).2 = 3900 W

3. $W(\vec{P}) = P.H = M.g.H = 100.10.0{,}3 = 300\ J$; $P_{moy} = \frac{W_{total}}{T} = \frac{300}{0{,}3} = 1000\ W$

4. Si m augmente, le travail $W = m.g.$H augmente

Si m augmente, le temps T pour soulever la charge va aussi augmenter : $P_{moy} = \frac{W}{T}$

P_{moy} va augmenter ou diminuer en fonction de l'évolution de W par rapport à T.

EXERCICE 5.3

1. $Pz(t) = Rz(t).Vz(t) = Rz(t).\left[\int_0^t \left(\frac{R_z - m.g}{m}\right)dt + Vz_O\right]$

Saut avec contre mouvement type CMJ ($Vz_0 = 0$)

2. $P_z(t) = R_z(t).V_z(t)$; $Vz(t) = \frac{P_z(t)}{R_z(t)}$

$Vz(t_2) = \frac{-900}{800} = -1{,}13\ m.s^{-1}$,

$Vz(t_3) = \frac{0}{Rz(t_3)} = 0\ m.s^{-1,}$

$Vz(t_4) = \frac{1500}{2200} = 0{,}68\ m.s^{-1}$

$Vz(t_5) = \frac{6000}{1500} = 4\ m.s^{-1}$

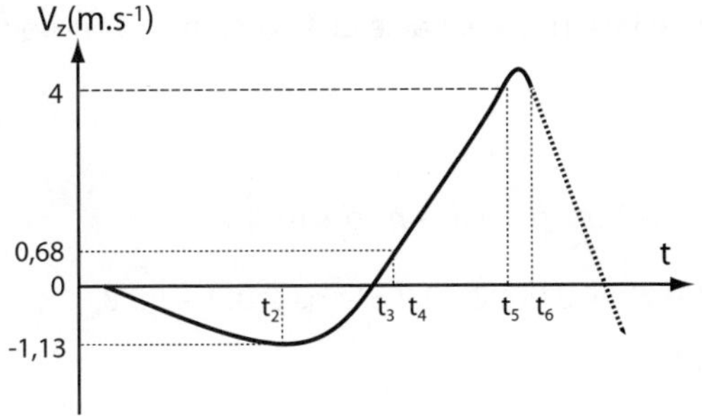

3. $P_{Lewis} = 21{,}73.m.\sqrt{H}$

$P_{Lewis} = 21{,}73.80.\sqrt{0{,}64} = 1390\ W$

P_{Lewis} : Puissance moyenne d'élévation du CdG pendant la phase aérienne.

P_{PFF} (6 000 W) : Puissance instantanée maximale pendant l'impulsion au sol.

EXERCICE 5.4

1. $P = 0{,}7.300 = 210\ W$

2. $P = M.\omega \qquad M = \frac{P}{\omega}, \qquad \omega = \frac{90.2\pi}{60} = 3\pi\ rad.s^{-1}, \qquad M = \frac{210}{3\pi} = 22{,}3\ N.m$

3. $P_{moy} = \frac{W_{total}}{T}$

$W_{total} = P_{moy}.T = 210.3\,600 = 756\,000\ J = 756\ kJ$

4. De 0 à 180°, la jambe gauche produit un moment positif moteur sur la manivelle grâce aux muscles extenseurs (genou, hanche) alors que la jambe droite produit un moment négatif résistant. Ce moment négatif est dû à l'effet résistant du poids du segment (pied + chaussure) pendant la remontée de la pédale qui n'est pas compensé par le moment moteur des actions musculaires (ischio-jambiers). De 180 à 360°, les phénomènes s'inversent.

5. Le travail total d'un cycle W_{cycle} correspond à l'aire sous la courbe $M(\theta)$: $W = \int_0^{2\pi} M(\theta).d\theta$

La surface sous la courbe $M(\theta)$ peut être estimée grossièrement par 4 triangles :

- de 0 à 180° (π) : un triangle « positif » de surface : $S_{1+} = \pi.\frac{1}{2}.50$ et un triangle « négatif » de surface : $S_{1-} = -\pi.\frac{1}{2}.10$
- idem de 180° à 360°(2π) : $S_{2+} = \pi.\frac{1}{2}.50$; $S_{2-} = -\pi.\frac{1}{2}.10$

La surface totale est égale à $S = S_{1+} + S_{1-} + S_{2+} + S_{2-} = 40\ \pi$ donc $W_{cycle} \approx 40\ \pi \approx 125{,}6\ J$

6. $Wt_{otal} = W_{cycle}.n^{bre}$ cycles $= 125{,}6.90.60 = 678\,240\ J \approx 678\ kJ$

L'erreur d'estimation de la surface entraîne une différence d'environ 10 %.

EXERCICE 5.5

1. $P = \left[\frac{1}{2}.\rho.C_d.A.V_a^2 + C_r.m.g.\cos\alpha + m.g.\sin\alpha\right].V_G$

$P = [0{,}5.1{,}2.0{,}8.0{,}4.(3+7)^2 + 0.0032.80.9{,}81.\cos(2{,}86) + 80.9{,}81.\sin(2{,}86)].7$

$P = [19{,}2 + 2{,}5 + 39{,}1].7$

$P = 426\ W$

Remarque : La plus grosse partie de la puissance externe développée (ici 64 %) provient de la lutte contre la force de gravité, *i.e.* du déplacement en côte.

Une puissance de 426 W développée sur le plat, lui permettrait de se déplacer, dans les mêmes conditions, à une vitesse proche de 10,8 $m.s^{-1}$ soit 39 $km.h^{-1}$.

2. $\alpha = 0$, $P = \left[\frac{1}{2}.\rho.C_d.A.V_a^2 + C_r.M.g\right].V_G$, $P = [19{,}2 + 2{,}51].7$, $P = 152\ W$

EXERCICE 5.6

1. $W = F.L = F \times$ Distance par tour $\times$ N^{bre} de tour, $P_{moy.} = \dfrac{W}{T}$

Temps	W (J)	$P_{moy.}$ (W)
0-5 s	3 600	720
5-10 s	3 000	600
10-15 s	2 400	480
15-20 s	2 100	420
20-25 s	1 800	360
25-30 s	1 500	300

2. $W_{total} = 3\,600 + 3\,000 + \ldots + 1\,500 = 14\,400\ J$, $P_{moy.} = 480\ W$

3.

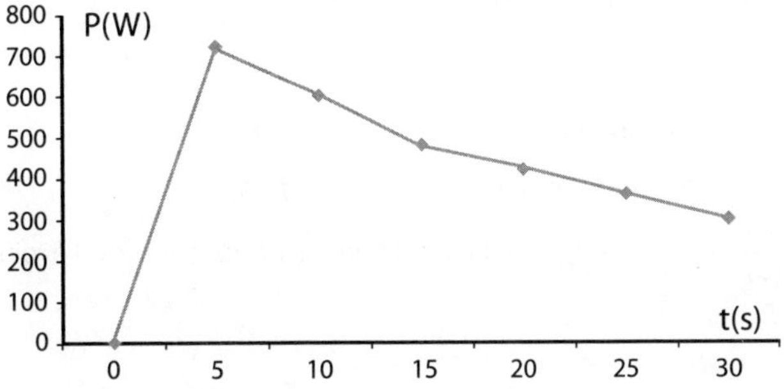

4. $I_f = \dfrac{P_{maxi} - P_{mini}}{\Delta T} = \dfrac{720 - 300}{30} = 14\ W.s^{-1}$

EXERCICE 5.7

1. $M_{maxi.} = 300\ N.m$, $M_{maxi.}$ est atteint après 0,75 s soit à un angle égal à 135°.

2. Le travail W correspond à l'aire sous la courbe $M(\theta)$: $W = \int_{\pi/2}^{\pi} M(\theta).d\theta$

Si on assimile la surface à un triangle :

$$W \approx 300.\frac{\pi}{4} \approx 235\ J$$

$$P_{moy} = \frac{W_{total}}{T} = \frac{235}{1.5} = 157\ W$$

3. $P(t) = M_{(t)}.\omega$; $\omega = 60°\ s^{-1} = \frac{\pi}{3} = 1,05\ rad.\ s^{-1}$

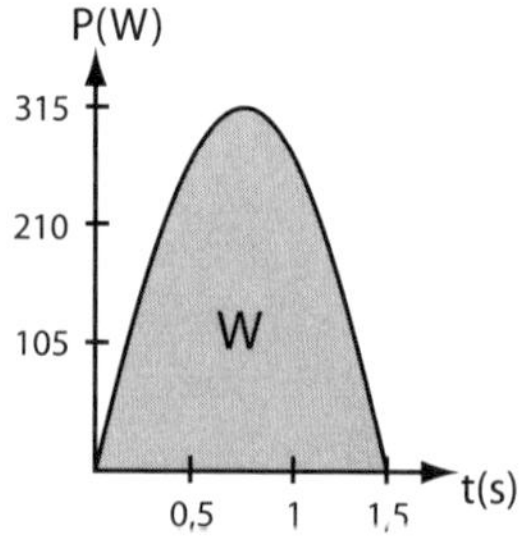

$P_{maxi} = M_{maxi.}.\omega = 300.1.05 = 315\ W$

4. Le travail W correspond à l'aire sous la courbe $P(t)$:

$$W = \int_0^{1.5} P(t).dt\ ;\ W \approx 315.0.75 \approx 235\ J$$

5. Si $\omega \uparrow$ alors :

- $M_{maxi.} \downarrow$, c'est une caractéristique de la relation (M, ω),
- $W \downarrow$ car le déplacement angulaire ne change pas,
- $P_{moy} = \frac{W\ (\downarrow)}{T\ (\downarrow)}$, P_{moy} va augmenter ou diminuer en fonction de l'évolution de W par rapport à T.

EXERCICE 5.8

Eméca = Ec transl. + Ec rot. + Ep

$$E_{méca} = \frac{1}{2}.m.V_G^2 + \frac{1}{2}.I_G.\omega_G^2 + m.g.h$$

$$V_G = \frac{5}{1} = 5\ m.s^{-1}\ ;\ 1\ \text{tour} = 2\pi\ rad,\ \omega_G = \frac{2.2\pi}{1} = 4\pi\ rad.s^{-1}$$

Soit T_s, la durée de la phase aérienne dure 1 s, la hauteur de saut est égale à : $h = \frac{g.T_s^2}{8}$ (voir chap. 4.3.5)

$$E_{méca} = \frac{1}{2}.60.5^2 + \frac{1}{2}.50.(4\pi)^2 + 60.10.\frac{10.1^2}{8} = 750 + 3944 + 750 = 5444\ J$$

EXERCICE 5.9

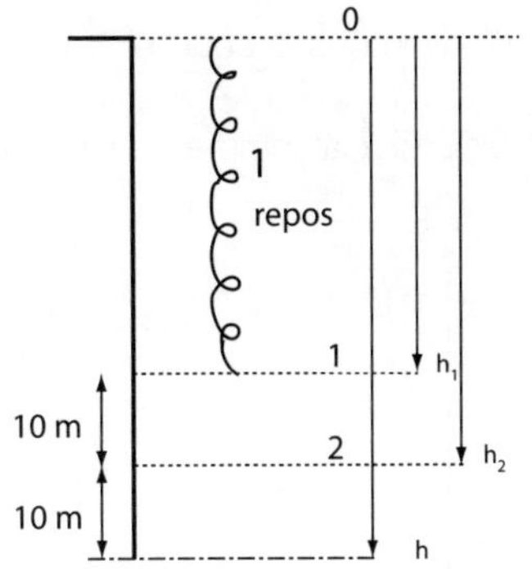

En utilisant la loi de conservation de l'énergie totale :

- Pendant la chute libre :

  Eméca (0) = *Eméca* (1)

  $Ep_0 + Ec_0 = Ep_1 + Ec_1$

  $mg.h_1 + 0 = 0 + \frac{1}{2}.m.V_1^2$, (h_1 : longueur de l'élastique à vide)

- Pendant l'allongement de l'élastique :

  Eméca (1) = *Eméca* (2)

  $Ep_1 + Ec_1 = Ep_2 + Ec_2$

  $0 + \frac{1}{2}.m.V_1^2 = mg.(h_2 - h_1) + \frac{1}{2}.k.(h_2 - h_1)^2 + 0$, ($h_2 - h_1 = 10$ m)

On en déduit $V_1^2 = 2.g.(h_2 - h_1) + \frac{k}{m}.(h_2 - h_1)^2 = 2.10.10 + \frac{1000}{100}.10^2$

$V_1^2 = 1200$, $V_1 = 34{,}64\ m.s^{-1}$

Donc : $h_1 = \frac{V_1^2}{2g} = \frac{1200}{2.10} = 60\ m$

Finalement : $h_{viaduc} = h_1 + 10 + 10 = 80$ m

EXERCICE 5.10

$$P_{moy} = \frac{W_{total}}{T_{total}} \quad W_{total} = \int_0^{Ttotal} P(t).dt \text{ : aire sous la courbe } P(t)$$

L'aire sous la courbe $P(t)$ correspond à la somme de n rectangles (cf. figure ci-dessous)

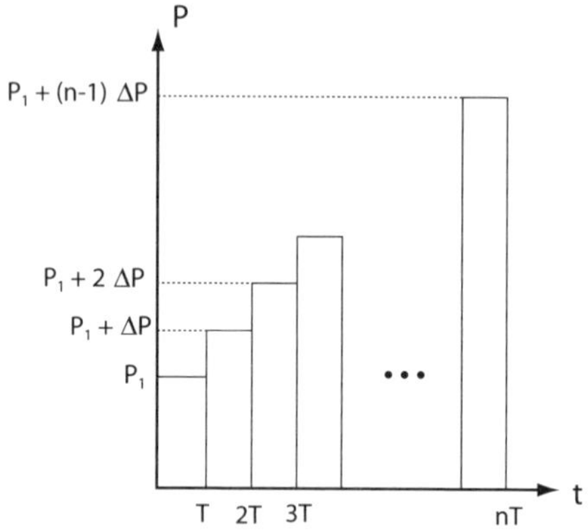

$$W_{total} = P_1.T + (P_1 + \Delta P).T + (P_1 + 2\Delta P).T + \ldots + (P_1 + (n-1).\Delta P).T$$

$$W_{total} = [P_1 + P_1 + \Delta P + P_1 + 2\Delta P + \ldots + P_1 + (n-1).\Delta P].T$$

$$W_{total} = [n.P_1 + \Delta P.((1 + 2 + \ldots + (n-1))].T$$

$$W_{total} = \left[n.P_1 + \Delta P..\left(\frac{1}{2}n.(n-1)\right)\right].T$$

$$W_{total} = \left[P_1 + \frac{1}{2}.\Delta P.(n-1)\right].n.T$$

$$P_{moy} = \frac{W_{total}}{n.T}$$

donc :

$$P_{moy.} = P_1 + \frac{1}{2}.\Delta P.(n-1)$$

$A.N.\ P_{moy.} = 100 + \frac{1}{2}.50.(7-1) = 250\ W$; Dernier palier = PMA = $100 + (7-1).50 = 400\ W$

EXERCICE 5.11

1. a. $P_{Lewis} = 21{,}73.m.(H)^{1/2}$

b. *SJ* : $P_{Lewis}\ (A) = 21{,}73.75.(0.32)^{1/2} = 922\ W\ (12{,}3\ W/kg)$; $P_{Lewis}\ (B) = 21{,}73.80.(0.30)^{1/2} = 952\ W\ (11{,}9\ W/kg)$

CMJ : $P_{Lewis}\ (B) = 21{,}73.75.(0.42)^{1/2} = 1056\ W\ (14{,}1\ W/kg)$; $P_{Lewis}\ (B) = 21{,}73.80.(0.46)^{1/2} = 1178\ W\ (14{,}7\ W/kg)$

c. Sujet A : $\Delta(\%) = \frac{1056 - 922}{922 \times 100} = 14{,}5\ \%$

Sujet B : $\Delta(\%) = \frac{1178 - 952}{952 \times 100} = 23{,}7\ \%$

Le sujet B a une meilleure utilisation du cycle étirement-raccourcissement.

2. b. $P_{RAST} = \frac{m.D^2}{T^3}$

Sprint 1 : $P_{1\text{-}RAST}(A) = 75.\frac{30^2}{4{,}1^3} = 979\ W$; $P_{1\text{-}RAST}(B) = 80.\frac{30^2}{3{,}9^3} = 1214\ W$

...

P (W)	Sprint 1	Sprint 2	Sprint 3	Sprint 4	Sprint 5	Sprint 6
Sujet A	979	911	879	693	610	592
Sujet B	1214	1125	972	790	612	594

$P_{moy}(A) : \frac{P_1 + P_2 + \ldots + P_6}{6} = 777\ W\,(10{,}4\ W/\text{kg})$

$P_{moy}(B) : \frac{P_1 + P_2 + \ldots + P_6}{6} = 884{,}5\ W\,(11{,}1\ W/\text{kg})$

c. Indice de fatigue : $If = \frac{P_{max} - P_{mini}}{Temps\ total}$

$\text{If (A)} = \frac{979 - 592}{26{,}8} = 14{,}4\ W/\text{s}$

$\text{If (B)} = \frac{1214 - 594}{26{,}45} = 23{,}4\ W/\text{s}$

d. La puissance du sujet A chute moins rapidement, il a donc une meilleure résistance anaérobie.

3. $P_{Margaria} = \frac{m.g.6h}{T}$

$P_{Margaria}(\text{A}) = \frac{75 \times 10 \times 6 \times 0{,}2}{0{,}460} = 1956\ W$ soit $26{,}1\ W/\text{kg}$

$P_{Margaria}(\text{B}) = \frac{80 \times 10 \times 6 \times 0{,}2}{0{,}480} = 2000\ W$ soit $25\ W/\text{kg}$

4. Bilan

P (W/kg)	P_{Lewis} SJ	P_{Lewis} CMJ	P_{moy} RAST	$P_{Margaria}$
Sujet A	12,3	14,1	10,4	26,1
Sujet B	11,9	14,7	11,1	25,0

Les valeurs de puissance anaérobie des sujets dépendent du type de test. Le test des escaliers de Margaria donne des valeurs de puissance très supérieures aux autres tests.

BIBLIOGRAPHIE

- *Analyse du mouvement humain par la biomécanique*, P. Allard, J. P. Blanchi, Décarie Éditeur, 2e éd., 2000.
- *Mécanique humaine. Éléments d'une analyse des gestes sportifs en deux dimensions*, J. Duboy, A. Junqua, P. Lacouture, Éditions « Revue EPS », 1999.
- *Biomécanique : Éléments de mécanique musculaire*, F. Goubel, G. Lensel-Corbeil, Masson, 2e éd., 2003.
- "*The heat of shortening and dynamic constants of muscle*", Hill (AV), 1938, *Proc. Roy. Soc.* 126 : 136-195.
- "*Maximum velocity of movement and maximum velocity of muscle shortening*", E. Pertuzon, S. Bouisset (1971), *Med. Sport* 6 : 170-173.

Imprimé en Italie par «La Tipografica Varese Srl» Varese